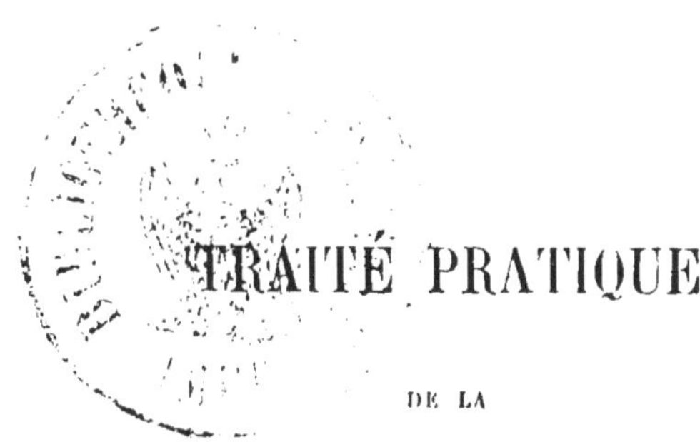

TRAITÉ PRATIQUE

DE LA

MESURE

DES LIGNES,

DES SURFACES & DES VOLUMES.

TRAITÉ PRATIQUE

DE LA

MESURE

DES LIGNES,
DES SURFACES & DES VOLUMES.

Ouvrage renfermant en deux parties 60 Problèmes d'application résolus, 400 Problèmes à résoudre et à part les solutions raisonnées de ces 400 Problèmes, destiné aux **Écoles primaires** et aux **Classes d'Adultes**,

PAR P. S. MOUQUET, Instituteur.

DEUXIÈME PARTIE

Contenant 30 Problèmes d'application résolus, 100 Problèmes à résoudre, et les 400 Solutions raisonnées des Problèmes de la 1re et de la 2me Partie.

PARIS

LIBRAIRIE ECCLÉSIASTIQUE ET CLASSIQUE DE CH. FOURAUT,

Rue Saint-André-des-Arts, 47,

ET CHEZ LES PRINCIPAUX LIBRAIRES DES DÉPARTEMENTS.

1866

AVERTISSEMENT.

Comme on l'a dit dans l'avertissement placé en
tête de la première partie, cet ouvrage est destiné
aux Enfants des Ecoles primaires et aux Ouvriers.
Ce n'est donc point un livre de science : aussi l'auteur s'est-il proposé de n'admettre dans cet appen-
dice que des applications pratiques de la géométrie.
Il a cherché, sans sortir du cadre qu'il s'était tracé,
à compléter son œuvre pour ceux qui auraient déjà
étudié avec fruit la première partie. Le plan est le
même. après l'énoncé de chaque principe, se trouve
un problème d'application dans lequel la formule al-
gébrique est soigneusement suivie. A la fin, on a
placé un *Memento* de toutes les formules comprises
dans le corps du livre. Ce *Memento* sera d'une grande
utilité : l'élève y trouvera des indications nettes et
précises ; il devra le consulter souvent, car il pourra
embrasser, pour ainsi dire d'un seul coup d'œil,
le chemin déjà parcouru. Les cent problèmes qui
terminent l'ouvrage contribueront encore, on l'es-
père, à exciter l'ardeur de l'élève, parce que,
sans parler de leur intérêt propre, ils présentent
tous une certaine utilité pratique qu'on n'a jamais
perdue de vue.

Il est facile de comprendre, d'après ce qui précède, quel est le but que l'auteur a cherché à at-
teindre : son ouvrage a été composé entièrement en
vue des Ecoles primaires ; mais la seconde partie
s'adresse spécialement à ceux des élèves des classes

d'Adultes qui voudront compléter les connaissances géométriques acquises dans l'étude de la première partie. Ces jeunes gens, exercés déjà au travail et pleins du désir de savoir, trouveront là de nombreux problèmes d'une utilité incontestable pour leur profession. Du reste, dans les deux parties, peu ou point de théorie ; pour aborder la seconde, il suffit d'avoir compris et retenu la première ; ce n'est point un nouveau livre qu'on offre au public, c'est un développement et une suite. Ceux qui posséderont bien le commencement pourront résoudre toutes les questions qu'on leur propose ici, et ce ne seront pas, on en a la ferme conviction, les plus inhabiles parmi les ouvriers.

Au sortir des Ecoles primaires, la plupart des jeunes gens sont obligés de perdre un temps précieux pour arriver aux connaissances dont ils ont besoin. Il leur faut, souvent sans guide, sans maître et sans direction, acquérir, à force de travail, les notions de géométrie pratique nécessaires à leur profession. Il semble donc qu'il y avait une lacune à remplir. C'est ce qu'on a tâché de faire dans ce petit livre où, tout en franchissant les limites restreintes de l'enseignement obligatoire, on a tout fait pour ne jamais exiger des lecteurs des connaissances que l'Ecole primaire ne saurait leur donner.

Si l'auteur a réussi, s'il est arrivé à cette simplicité et à cette clarté d'exposition qu'il recherchait avant tout, le soin tout particulier apporté à la typographie, le format et le prix modique de l'ouvrage, devront en assurer l'usage dans toutes les écoles qui comptent des élèves studieux.

TRAITÉ PRATIQUE

DE LA

MESURE

DES LIGNES,

DES SURFACES ET DES VOLUMES.

DEUXIÈME PARTIE.

Appendice aux Leçons concernant la mesure des lignes.

1. On distingue trois sortes de triangles, par rapport à la grandeur de leurs angles :

1° Le triangle rectangle, qui a un angle droit, A C B, fig. 1 ; le côté opposé A B à l'angle droit C s'appelle hypoténuse ;

2° Le triangle obtusangle, qui a un angle obtus, A B C, fig. 2 ;

3° Le triangle acutangle, qui a tous ses angles aigus, A B C, fig. 3.

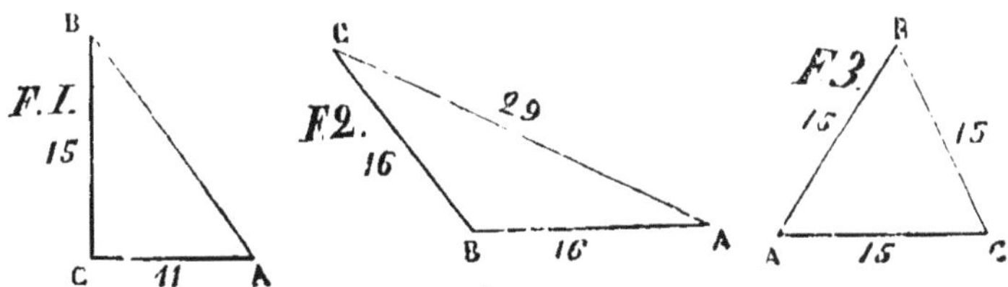

2. On distingue encore trois sortes de triangles par rapport à la longueur de leurs côtés :

1° Le triangle équilatéral, qui a ses côtés égaux, fig. 3, et par suite ses angles égaux, c'est-à-dire de 60° chacun (n° 3 ci-après) ;

2° Le triangle isocèle, qui n'a que deux côtés égaux, A B et B C, fig. 2, et par conséquent deux angles égaux, qui sont B A C et B C A;

3° Le triangle scalène, qui a tous ses côtés inégaux, fig. 1.

3. Les trois angles d'un triangle valent deux angles droits ou 180°.

4. La somme des angles intérieurs d'un polygone est égale à autant de fois 180°, ou deux angles droits, qu'il y a de côtés, moins deux : ainsi, les six angles d'un hexagone valent huit angles droits, ou $4 \times 180°$.

5. Le carré construit sur l'hypoténuse d'un triangle rectangle est égal à la somme des carrés construits sur les autres côtés : ainsi, le carré A B D C est égal à la somme des carrés : B E F G + G H I A.

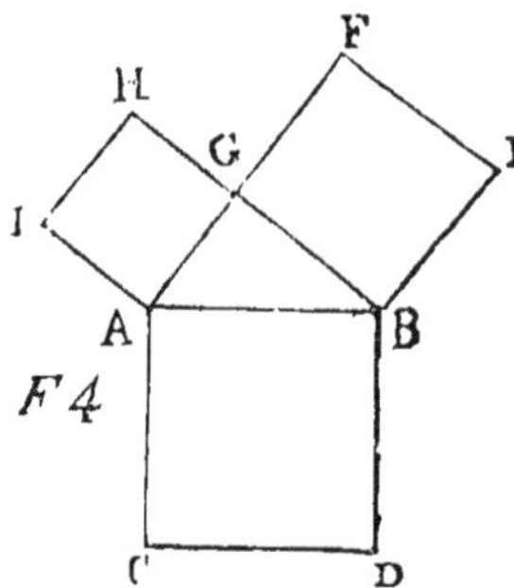

la racine carrée ;

6. De ce principe, il arrive ce qui suit :

1° Pour trouver l'hypoténuse d'un triangle rectangle dont on connaît les deux autres côtés, il faut carrer les deux côtés connus, joindre ensemble les deux produits et extraire

2° Pour trouver un des côtés de l'angle droit d'un triangle rectangle, dont on connaît l'autre côté et l'hypoténuse, il faut ôter du carré de l'hypoténuse le carré du côté connu et extraire la racine carrée du reste.

Nommant a un côté de l'angle droit, b l'autre côté et h l'hypoténuse, on a pour formule :

$$h = \sqrt{a^2 + b^2}, \text{ d'où } b = \sqrt{h^2 - a^2} \text{ et } a = \sqrt{h^2 - b^2}.$$

APPLICATION. *Quelle est l'hypoténuse d'un triangle rectangle dont les côtés de l'angle droit sont 15 et 22?*

$$h = \sqrt{15^2 + 22^2} = 26,62.$$

AUTRE APPLICATION. *Quel est le côté de l'angle droit d'un triangle rectangle ayant 26 m. 62 pour hypoténuse et 15 m. pour le côté connu de l'angle droit?*

$$h = \sqrt{a^2 + b^2},$$

$$\text{d'où } a = \sqrt{h^2 - b^2} = \sqrt{26,62^2 - 15^2} = 22 \text{ m.}$$

7. Si, connaissant la longueur des côtés d'un triangle équilatéral ou isocèle, on demande la hauteur de ces triangles, il faudra diviser la base en deux parties égales : une de ces parties sera le côté connu de l'angle droit d'un triangle rectangle, la hauteur sera l'autre côté de cet angle droit et un des côtés sera l'hypoténuse. (Voir n° 6, 2°.)

8. Pour trouver le point où doit tomber sur la base d'un triangle quelconque la perpendiculaire abaissée du sommet, il faut prendre pour

base le plus long côté, multiplier la somme des
deux autres côtés par leur différence, diviser le
produit par la base, ôter ce quotient de la base
et prendre la moitié; on aura ainsi la partie de
la base adjacente au plus petit des deux côtés du
triangle; si on ajoute ce résultat au premier
quotient que l'on a obtenu, on aura l'autre partie de la base. En effet, on démontre en géométrie que le plus long côté d'un triangle est à la
somme des deux autres, comme leur différence est
à la différence qui existe entre les deux portions
de la base adjacentes à la perpendiculaire; connaissant cette différence, on la retranche de la
base et on prend la moitié du reste.

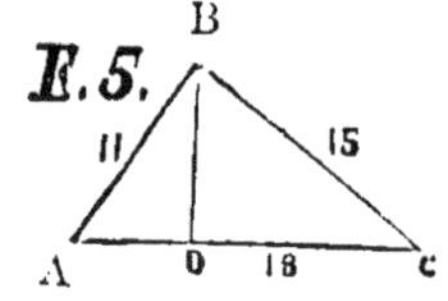

Nommant b le côté A C du
triangle, fig. 5, c le côté A B et
a le côté B C, on a pour la
portion de la base adjacente au
plus petit des côtés du triangle,
la formule :

$$\frac{b - [(a + c)(a - c) : b]}{2}$$

APPLICATION. *On veut savoir en quel endroit de la
base* A C *du triangle, fig. 5, tombe la perpendiculaire*
B D?

On trouve :

$$\frac{b - [(a + c)(a - c) : b]}{2} =$$

$$\frac{18 - [(11 + 15) \times (15 - 11) : 18]}{2} = 6 \text{ m. } 11$$

pour la portion de la base adjacente au côté A B.

9. Pour trouver la hauteur d'un triangle scalène dont on connaît les trois côtés, il faut d'abord, comme au numéro précédent, trouver le point de la base où tombe la perpendiculaire, et ensuite opérer comme il est indiqué au n° 7. Ce triangle sera ainsi partagé en deux triangles rectangles, mais inégaux, car les bases seront inégales.

10. Si, connaissant la longueur des côtés d'un carré ou d'un rectangle, on demande la longueur de la diagonale, il faut, après avoir partagé ce carré ou ce rectangle en deux triangles, opérer ainsi qu'il est dit au premier paragraphe du n° 6. En effet, cette diagonale est l'hypoténuse d'un triangle rectangle.

11. Pour trouver la longueur des côtés d'un carré dont on connaît la diagonale, il faut prendre la moitié de la diagonale, l'élever au carré, doubler ce carré et extraire la racine carrée. En effet, la longueur de chaque côté de ce carré est l'hypoténuse d'un triangle rectangle dont les deux côtés formant l'angle droit ont chacun pour longueur la moitié de la diagonale.

12. Pour trouver le côté d'un carré inscrit dans un cercle dont on connaît le diamètre, il faut opérer comme il est dit ci-dessus ; en effet, ce diamètre n'est autre chose que la diagonale du carré.

13. Connaissant la différence du côté d'un carré à la diagonale, on peut en déduire la longueur des côtés de ce carré, ainsi que la diagonale.

Pour cela, on extrait la racine carrée du double carré de la différence, et on ajoute la différence; on a ainsi le côté du carré.

SOLUTION GRAPHIQUE. — *On demande le côté et la diagonale d'un carré dont on connaît A B différence du côté à la diagonale, fig. 6.*

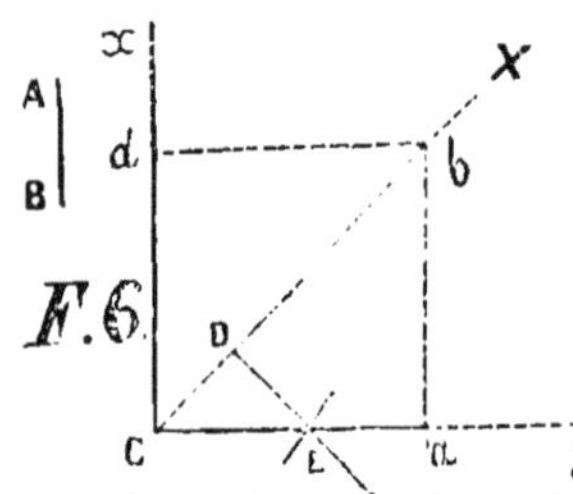

Pour construire ce carré, on trace un angle droit avec les lignes indéfinies C x et C y ; on mène la bissectrice C X, sur laquelle on prend C D = A B, au point D ; on élève une perpendiculaire D E qui coupe C y au point E, et à la suite on prend E a = A B, et C a est le côté du carré ; au point a on élève une perpendiculaire qui coupe C X au point b ; de ce point, avec C a pour rayon, on coupe C x en d, et C d b a est le carré demandé.

APPLICATION NUMÉRIQUE. — *Soit 3 m. la différence du côté d'un carré à la diagonale, on demande le côté de ce carré et la diagonale.*

D'après la construction précédente, on voit que le côté du carré se compose de la différence connue E a, + de l'hypoténuse C E d'un triangle rectangle isocèle dont la différence C D ou A B est le côté de l'angle droit. On a alors :

$$a = 3 + \sqrt{2 \times 3^2} = 3 + \sqrt{18} ; a = 3 + 4,24 =$$

7 m. 24 pour les côtés du carré ; et $3 + 7,24 =$ 10 m. 24 pour la diagonale ; en effet (n° 10),

$$\sqrt{2 \times 7,24^2} = 10 \text{ m. } 24 \text{ à } 1/1000 \text{ près.}$$

14. Pour trouver la distance d'un point à un autre point inaccessible, comme la largeur d'une rivière, d'un étang, on peut employer le moyen dont on se sert pour connaître la hauteur de la partie enlevée d'une pyramide tronquée (1re partie, nº 140) ; ainsi, soit la distance A B, fig. 7,

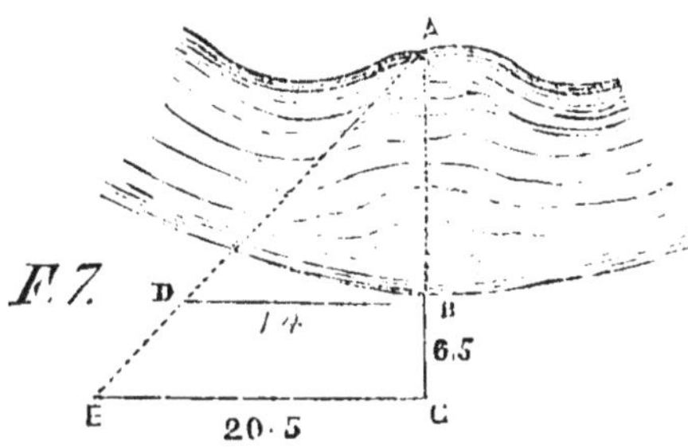

qu'on ait à mesurer : on prolonge cette ligne sur le terrain, de manière à former en C un angle droit et le triangle A C E ; on mesure les lignes E C, B C, B D, faisant bien attention que cette dernière soit parallèle à E C, et on a : E C — B D : B C : : B D : A B. Ceci se réduit à multiplier la base B D du petit triangle par la partie B C de la hauteur connue du grand triangle, et à diviser le produit par la différence des deux bases C E — B D.

On peut encore trouver la mesure de cette ligne en prolongeant B D de manière à former en D avec l'équerre d'arpenteur un angle de 45 degrés, la longueur de cette ligne sera égale à A B, car cette figure formera un triangle isocèle dont les côtés A B et B D sont égaux.

15. Parmi les divers moyens en usage pour connaître la hauteur d'un arbre, d'un édifice, le suivant peut être employé :

On prend deux jalons dont l'un est plus long

que l'autre ; ayant placé le plus long à une distance quelconque de l'édifice, en **A B** par
exemple, fig. **8**, on se recule avec le petit

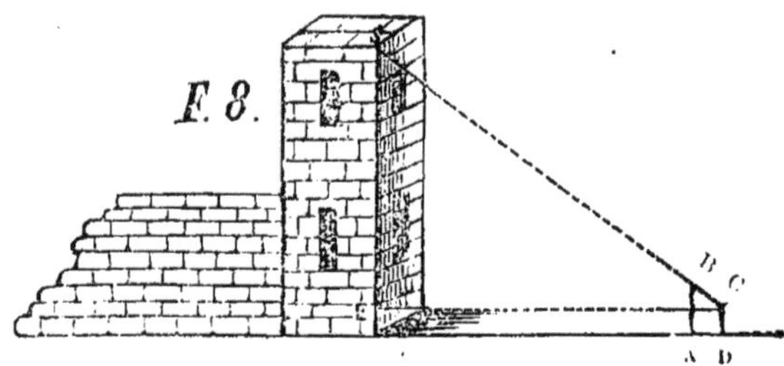

jusqu'à ce qu'on aperçoive par les extrémités B C
le sommet S, et on a A D : A B-C D : : C E : E S,
il faut ensuite ajouter à E S la longueur du petit
jalon C D ; le calcul demande donc que l'on
multiplie la distance du petit jalon à l'édifice par
la différence de longueur des deux jalons, que
l'on divise le produit par la distance du petit
jalon au grand et enfin que l'on ajoute au quotient la longueur du petit jalon.

On peut aussi au moyen de l'ombre trouver
la hauteur d'un objet quelconque, d'un arbre,
par exemple. Pour cela on mesure l'ombre donnée par un bâton planté verticalement en terre,
et l'ombre de l'arbre, puis on fait cette proportion : l'ombre du bâton est à l'ombre de l'arbre,
comme la longueur de ce bâton est à la hauteur
de l'arbre.

16. Outre la circonférence, le diam. et le rayon
dont il a été parlé dans la première partie, relativement au cercle, on peut avoir encore à mesurer un arc, une corde et une flèche.

Un arc est une portion quelconque de la circonférence : A C B, fig. 9.

Une corde est une li-
gne droite A B qui se ter-
mine aux deux extrémités
d'un arc, fig. 9.

Une flèche est une ligne droite C D élevée perpendiculairement sur le milieu d'une corde, fig. 9.

Le rayon qui passe par le milieu d'une corde
est perpendiculaire à la corde et divise l'arc
sous-tendu en deux parties égales : la flèche C D
fig. 9 est donc une partie du rayon, et prolongée,
elle passe par le centre du cercle.

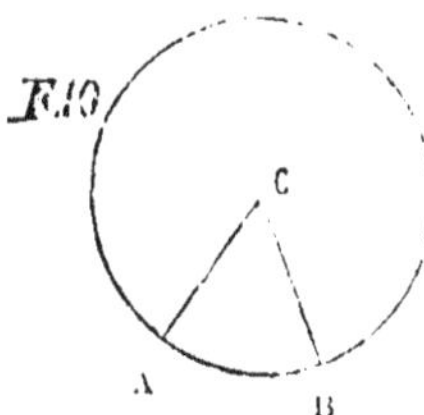

17. On appelle angle au
centre celui dont le sommet
se trouve au centre du cercle : A C B, fig. 10; il a pour
mesure l'arc intercepté par
ses côtés.

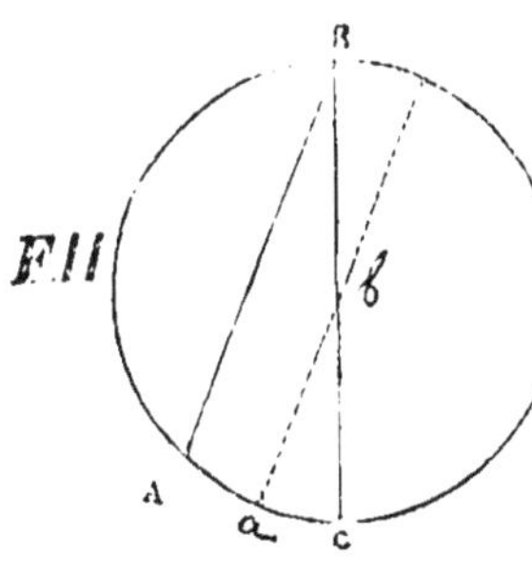

L'angle inscrit est celui
dont le sommet se trouve
sur la circonférence : A B C,
fig. 11 ; il a pour mesure
la moitié de l'arc intercepté
par ses côtés ; ainsi l'angle
A C B, fig. 10, a pour mesure l'arc A B ; et l'angle
A B C, fig. 11, a pour me-

sure $\frac{A C}{2}$; en effet, $a\,b$ parallèle à A B forme l'angle $a\,b\,C$ égal à l'angle A B C comme correspondant et divise A C en **2** parties égales , mais $a\,b\,C$ a pour mesure $a\,C$, donc A B C a pour mesure $a\,C$ ou $\dfrac{A\,C}{2}$.

APPLICATION. *Quelle est la valeur d'un angle inscrit dont les côtés interceptent sur la circonf. un arc de* 97° 32' ?

On a $\dfrac{97^{\circ}\,32'}{2} = \dfrac{5852'}{2} = 2926' = 48^{\circ}\,46'$.

(NOTA. *Pour faire cette opération, on a réduit d'abord* 97° 32' *en minutes, en multipliant* 97 *par* 60 *et ajoutant au produit* 32 ; *ensuite on a cherché combien les* 2926 *minutes obtenues donnaient de degrés, en divisant* 2926 *par* 60, *ce qui a donné* 48 *degrés et* 46 *minutes de reste.*)

18. Pour trouver la longueur d'un arc dont on connaît la grandeur de l'angle qui le comprend et la circonf., il faut faire cette proportion : 360 degrés est à la circonf., comme le nombre de degrés de l'arc est à cet arc ; ce qui revient à multiplier les degrés de l'arc par la circonf. et diviser le produit par 360.

APPLICATION. *On demande la longueur de l'arc de* 72° 36' *dons une circonf. de* 15 *m. de rayon?*

On cherche d'abord la circonf. $C = 2\,\pi\,R = 2 \times 3,1416 \times 15 = 94,248$; maintenant $360^{\circ} : 94,248 :: 72^{\circ}\,36' : x = 19^{\mathrm{m}}\,006$.

(Il a fallu réduire dans cette opération 360° et 72° 36' en minutes.)

19. Pour trouver le diam. d'un cercle dont on connaît la corde d'un arc quelconque et la flèche, il faut multiplier la moitié de la corde

par elle-même, diviser ce produit par la flèche, puis ajouter le quotient à la longueur de la flèche.

APPLICATION. *Quel est le diam. d'un cercle dont la corde qui sous-tend un de ses arcs a 17 m. et la flèche 4 m. 2?*

On trouve : Diam. $= 4, 2 + \left[\left(\frac{17}{2} \right)^2 : 4,2 \right] = 21$ m 40

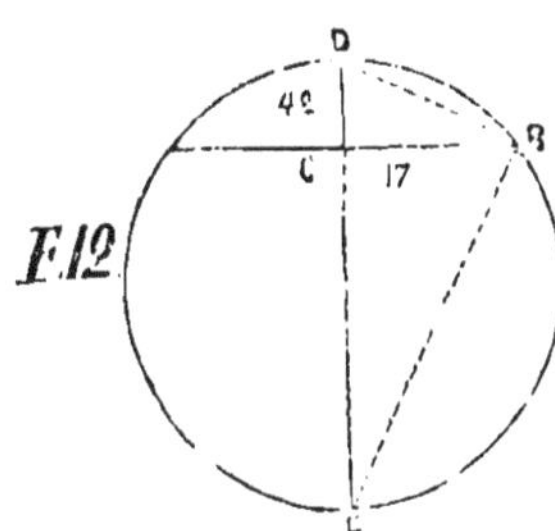

En effet, D B E, fig. 12, est un triangle rectangle inscrit dans une demi-circonf. ; C B est la hauteur abaissée de B sur l'hypoténuse ; or, cette hauteur est moyenne proportionnelle entre les deux segments de l'hypoténuse C D et C E, on a donc

$$\frac{C\,D}{C\,B} = \frac{C\,B}{C\,E} \text{ d'où } C\,E = \frac{\overline{C\,B}^2}{C\,D} \text{ ou } \frac{\overline{8,5}^2}{4,2} = 17, 2 \text{ ; d'où}$$

enfin E D $= $ C E $+$ C D $= 17, 2 + 4,2 = 21^m 40$ pour diam.

AUTRE APPLICATION. *Quel est le rayon d'un cercle dont la corde qui sous-tend un arc de 56° 8' 30" a 32 m. et la flèche 4 m. ?*

On obtient :

$$\text{Diam.} = 4 + \left[\left(\frac{32}{2} \right)^2 : 4 \right] = 68, \text{ d'où } R = 34 \text{ m.}$$

On peut encore résoudre ce problème au moyen de la table des cordes, comme ci-après.

20. La table des cordes est un tableau dans lequel sont consignées les valeurs des cordes de

tous les angles de 10 en 10 minutes compris entre 0' et 90° dans un cercle de 1 m. de rayon. (Voir ce tableau, p. 39). On n'a pas eu besoin de prolonger cette table au-delà de 90° ; car tout angle glus grand que 90° a pour supplément un angle plus petit que 90°.

(On appelle supplément d'un angle la différence qui existe entre cet angle et deux angles droits ; ainsi le supplément d'un angle de 96° est de 180 — 96 = 84°).

Donc : Pour obtenir la longueur d'une corde qui sous-tend un arc plus grand que 90°, on cherche dans la table la corde qui sous-tend l'arc supplémentaire ; puis, connaissant cette corde et le diam. du cercle, on en déduit la longueur de la corde de l'angle donné ; car tout angle inscrit dans une demi-circonf. est droit (n° 19 application.) Par conséquent il faudra carrer le diam., carrer la corde connue, retrancher un carré de l'autre et extraire la racine carrée.

1ᵉʳ PROBLÈME. *Quelle est la corde de la table qui sous-tend un arc de 56° 8' 30"?*

On trouve dans la table pour 56°, 0,9389 et pour 56° 10', 0,9415. Maintenant, si pour 10' ou 600" il y a 0,9415 — 0,9389 ou 0,0026 de différence, pour 1", il y aura $\dfrac{0,0026}{600}$; et pour 8' 30" ou 8 × 60 + 30 = 510", il y aura $\dfrac{0,0026 \times 510}{600} = 0,00221$.

En résumé, pour 56° on a 0,9389
et pour 0° 8' 30" 0,00221
Un arc de 56° 8' 30" est donc sous-tendu dans un cercle de 1 mètre de rayon par une corde de. 0,94111

2ᵉ **Problème.** *Quel est le rayon d'un cercle dans lequel une corde de 32 mètres sous-tend un arc de 56° 8' 30" ?*

On cherche comme dans le problème précédent la valeur de la corde de cet arc dans un cercle de 1 mètre de rayon, et on obtient 0,94111. Autant de fois cette fraction décimale sera contenue dans 32 mètres, autant le rayon du cercle donné aura de mètres ; on aura donc :

$$\frac{32}{0,94111} = 34^{m} \text{ à } 1 \text{ millième près.}$$

Règle générale. Lorsqu'on connaît la corde d'un arc et cet arc lui-même, pour avoir le rayon du cercle, on divise la corde donnée par la corde correspondant dans la table au nombre de degrés de l'arc connu.

3ᵉ **Problème.** *Quelle est la longueur de la corde qui sous-tend un arc de 56° 8' 30" dans un cercle de 34 mètres de rayon ?*

Dans la table, la corde correspondant à 56° 8' 31" est, comme on l'a vu, de 0ᵐ 94111 pour un cercle de 1ᵐ de rayon ; si le cercle a 34ᵐ de rayon, elle sera 34 fois plus longue ou $34 \times 0,94111 = 32^{m}$. Donc :

Connaissant l'arc et le rayon du cercle, pour avoir la corde, il faut multiplier le rayon du cercle par la corde de la table. Réciproquement, pour avoir le nombre de degrés d'un arc, il faut diviser la corde par le rayon du cercle donné et chercher le quotient dans la table.

4ᵉ PROBLÈME. *Soit proposé de chercher à quel arc correspond une corde de 32ᵐ dans un cercle de 34ᵐ de rayon.*

Suivant la règle énoncée ci-dessus, on divise la corde par le rayon $\frac{32}{34} = 0,9411$, fraction décimale que l'on cherche dans la table ; comme elle ne s'y trouve pas, on prend celle qui s'en approche le plus : 0,9415, qui donne 56° 10' ; mais cette fraction est trop forte de 0,0004 ; on pose alors ce rapport : si 0,0026, différence tabulaire donne 10' ou 600", 0,0001 donnera $\frac{600}{0,0026}$ et 0,0004 donneront $\frac{600 \times 0,0004}{0,0026} = 92"$ ou 1' 32", qu'il faut retrancher de 56° 10' = 56° 8' 28" pour un arc sous-tendu par une corde de 32ᵐ dans un cercle de 34ᵐ de rayon.

5ᵉ PROBLÈME. *Quelle est la corde qui sous-tend un arc de 95° dans un cercle de 40ᵐ de rayon ?*

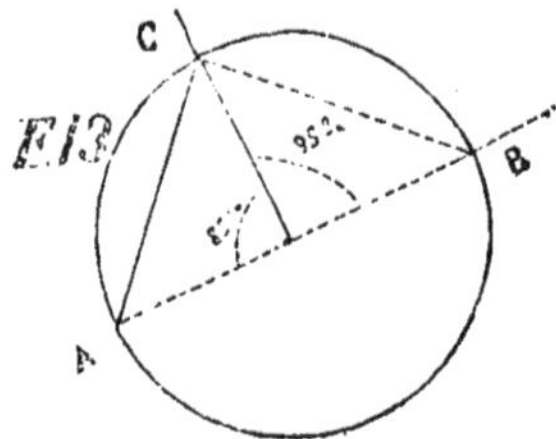

L'angle de 95° a pour supplément 180—95=85° ; la corde correspondant à 85° dans la table=1,3512 pour un cercle de 1ᵐ de rayon, mais puisque le cercle en a 40, il faut multiplier 1,3512 par 40, ce qui donne 54,048.

Connaissant maintenant A B le diamètre du cercle ou l'hypoténuse du triangle rectangle, A C B, fig. 13, dont A C a 54ᵐ 048, pour avoir le côté C B, on a :

$$C\,B = \sqrt{A\,B^2 - A\,C^2} = \sqrt{80^2 - 54,048^2} = 58^m 98.$$

6° **Problème.** *Quelle est la corde qui sous-tend un arc de 225° dans un cercle de 35ᵐ de rayon?*

La question est la même que la précédente, seulement on a un arc plus grand que 180° ; or, il faut savoir qu'une même corde sous-tend deux arcs, un grand et un petit ; ainsi la corde A B, fig. 14, qui sous-tend l'arc A C B de 225°, sous-tend aussi l'arc A D B de 360°—225°= 135°. Le problème est donc ramené au cas précédent ;

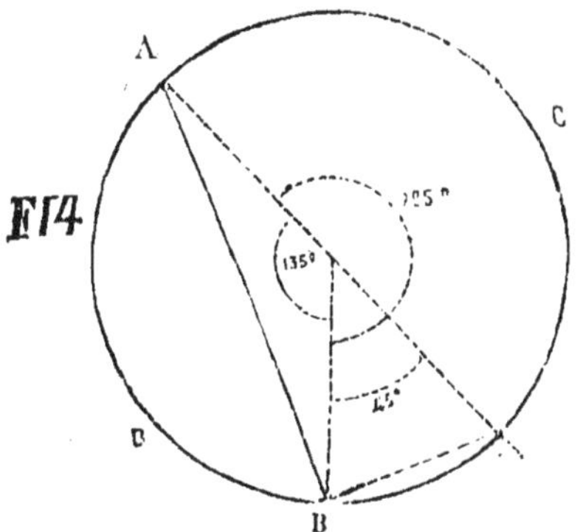

l'angle de 135°, fig. 14, a pour supplément 180° —135° = 45°, et la corde correspondant à 45° dans la table =0ᵐ 7654 pour un cercle de 1ᵐ de rayon, et comme le cercle en a 35, on a

0ᵐ 7654 × 35 = 26ᵐ 789. Il n'y a plus maintenant qu'à carrer le diamètre, retrancher de ce carré $\overline{26,789}^2$ et extraire la racine carrée. La corde demandée qui sous-tend un arc de 225° ou de 135° dans un cercle de 35ᵐ de rayon égale donc $\sqrt{70^2 — 26,789^2} = 64^m\ 67$.

Appendice aux leçons concernant la mesure des surfaces.

21. On a vu dans la première partie que, pour trouver la surface d'un triangle, il était nécessaire de connaître la base et la hauteur ; dans celle-ci, on va donner le moyen d'en trouver la surface sans se servir de la hauteur, pourvu que l'on connaisse les trois côtés. Pour cela, il faut prendre la moitié de la somme des trois côtés, ôter de cette moitié chaque côté, multiplier les trois restes les uns par les autres et par la moitié de la somme des trois côtés et extraire la racine carrée.

Représentant la demi-somme des trois côtés d'un triangle par p, et chaque côté par a, b, c, on a pour la surface du triangle :

$$S = \sqrt{p\,(p\text{-}a)\,(p\text{-}b)\,(p\text{-}c.)}$$

APPLICATION. *Quelle est la surface d'un triangle dont les trois côtés sont* 72^m, 46^m *et* 50^m?

$$p = \frac{72+46+50}{2} = 84 \; ; \text{ on a donc :}$$

$$\sqrt{p(p\text{-}a)(p\text{-}b)(p\text{-}c)} = \sqrt{84\times(84\text{-}72)\times(84\text{-}46)\times(84\text{-}50)}$$
$$= 1141 \text{ m. car. } 19 \text{ d. car.}$$

Lorsqu'on veut mesurer la surface d'un trapèze sans se servir de la hauteur, on se sert de la formule suivante, dans laquelle a et c sont les côtés parallèles, b d les côtés obliques, et p la demi-somme des côtés :

$$S = \frac{a+c}{a\text{-}c} \sqrt{(p\text{-}a)\,(p\text{-}c)\,(p\text{-}b\text{-}c)\,(p\text{-}c\text{-}d.)}$$

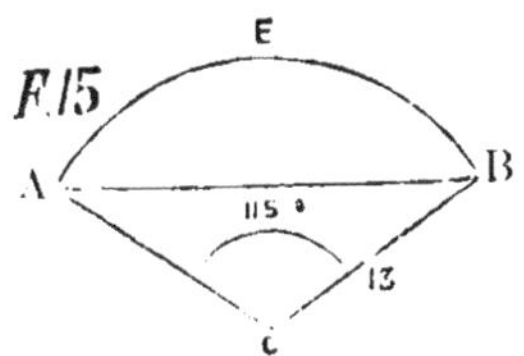

22. Le secteur est une portion de cercle comprise entre deux rayons et un arc A C B E, fig. 15.

Pour en trouver la surface, il faut multiplier l'arc par le rayon du cercle et prendre la moitié du produit; mais pour obtenir la longueur de l'arc, connaissant la corde de cet arc et le rayon du cercle, il est nécessaire d'avoir recours à la table des cordes et opérer comme il est dit au 4° problème, page 20.

23. Le segment est une portion de cercle comprise entre une corde A B et un arc A E B, fig. 15.

Pour trouver la surface du segment, il faut d'abord trouver la surface du secteur et ensuite en soustraire le triangle formé par les deux côtés du secteur et la corde de l'arc.

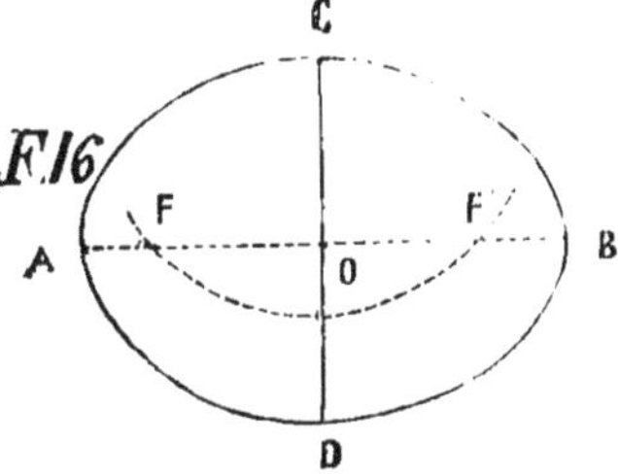

24. L'ellipse est une courbe plane et fermée A C B D, fig. 16, telle que la somme des distances d'un de ses points à deux autres points fixes est constante et égale au grand axe; ces deux points F et F' se nomment foyers. La ligne A B est le grand axe et C D le petit axe.

Pour trouver les foyers d'une ellipse, on prend la moitié du grand axe comme rayon et du point C; on coupe A B en deux points F et F', ce sont les foyers.

Le petit axe est moyen proportionnel entre les deux segments du grand axe déterminé par les foyers, c'est-à-dire qu'on a $\overline{CO}^2 = AF \times FB$, d'où $CO = \sqrt{AF \times FB}$.

Pour trouver la surface d'une ellipse, on établit cette proportion : le petit axe est au grand axe, comme la superficie du cercle ayant pour diamètre le petit axe est à la superficie de l'ellipse, ce qui revient à multiplier le produit de ses deux demi-axes par 3,1416.

Nommant a et b les demi-axes de l'ellipse, on a : $S = \pi a b$.

APPLICATION. *Soit proposé de chercher la surface de l'ellipse fig. 16, dans laquelle* AF *et* $F'B$ = *chacun* $0^m 25$, $FF' = 0^m 70$, $Co = 0^m 487$.

On obtient :

$$S = \pi a b = 3,1416 \left[\left(\frac{0,25+0,7+0,25}{2} \right) \times 0,487 \right]$$
$$= 0 \text{ m. car. } 91797552.$$

25. Relativement à la sphère, on peut avoir encore à mesurer une zône sphérique et une calotte sphérique.

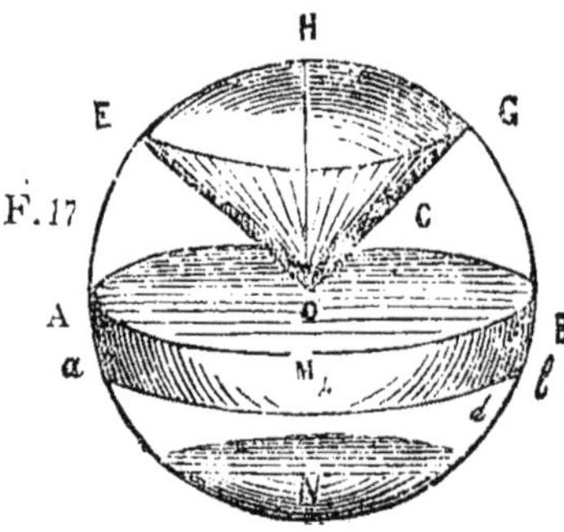

On appelle zône sphérique une portion quelconque M de la surface de la sphère, comprise entre deux cercles parallèles ABC et adb, qui en sont les bases, fig. 17. Un des cercles peut être tangent à la sphère, alors la zône n'a plus qu'une base et s'appelle calotte sphérique, N, fig. 17.

La hauteur d'une zône et d'une calotte est la perpendiculaire qui mesure la distance des deux bases parallèles.

Pour trouver la surface d'une zône sphérique quelconque, on multiplie la circonférence du cercle générateur de la sphère par la hauteur.

Nommant h cette hauteur, on a pour formule :

$$S = 2 \pi R h.$$

APPLICATION. *Quelle est la surface d'une zône de 3^m de hauteur, prise dans une sphère de 1^m de rayon?*

On obtient :

$$S = 2 \pi R h = 2 \times 3,1416 \times 4 \times 3 = 75 \text{ m. car. } 3984.$$

2ᵉ APPLICATION. *Quelle hauteur faut-il donner à une calotte prise sur une sphère de 10^m de rayon, si cette calotte doit avoir 40^m carrés de surface?*

On obtient :

$$S = 2 \pi R h, \text{ d'où } h = \frac{S}{2 \pi R} = \frac{40}{2 \times 3,1416 \times 10} = 0 \text{ m. } 636.$$

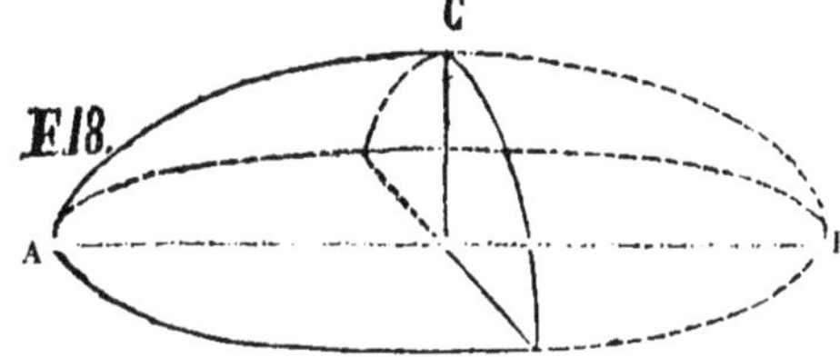

26. On appelle ellipsoïde de révolution le volume qu'on obtient en faisant tourner une demi-ellipse autour de l'un ou de l'autre de ses axes, fig. 18.

L'ellipsoïde est allongé ou applati, soit qu'on prenne pour axe de révolution le grand ou le petit axe de l'ellipse. Dans le premier cas, les deux foyers restent, dans le deuxième il n'y en a plus. La fig. **18** représente la moitié d'un ellipsoïde de révolution allongé.

La surface de l'ellipsoïde est à la superficie d'une sphère ayant pour diamètre le petit axe de cet ellipsoïde, comme le grand axe est au petit ; donc, pour en trouver la surface, il suffit de multiplier le grand axe par la surface d'une sphère ayant pour diamètre le petit axe et de diviser le produit par le petit axe ; ou, ce qui revient au même, on multiplie les deux axes l'un par l'autre et par π.

Nommant A et B les deux axes de l'ellipsoïde, on a pour formule : $S = \pi\,A\,B$.

APPLICATION. *Quelle est la surface d'un ellipsoïde de révolution, sachant que les axes ont* 1^m 20 *et* 0^m 974 ?

En appliquant ce qui est dit au n° 26, on a :

$$S : 4 \times 3,1416 \times \overline{0,487}^{\,2} :: 1,20 : 0,974$$

$$\text{ou } S = \frac{4 \times 3,1416 \quad 0,487^2 \times 1,20}{0,974} = 3 \text{ m. car. } 6719 ;$$

et en se servant de la formule $\pi\,A\,B$, on a :

$$3,1416 \times 1,20 \times 0,974 = 3 \text{ m. car. } 6719 \text{ c. car.}$$

27. Quoique dans un ouvrage destiné aux écoles primaires, on ne doive employer que les mesures prescrites par la loi, il est cependant nécessaire, pour la surface des terrains, de savoir réduire les anciennes mesures en nouvelles , et réciproquement les nouvelles mesures en anciennes; car dans l'arpentage on a souvent besoin de traduire les mesures exprimées dans les anciens titres de propriété.

Pour avoir le rapport d'une mesure à une autre, il faut diviser l'une par l'autre, chacune étant réduite à la même espèce d'unité.

L'ancienne mesure linéaire était la toise qui se divisait en 6 pieds, le pied en **12** pouces et le pouce en **12** lignes; ainsi la toise valait en lignes $6 \times 12 \times 12 = 864$ lignes.

Le quart du méridien terrestre a été trouvé contenir **5130740** toises; en divisant cette longueur par dix millions , on a obtenu 0 toise **5130740** dix millionièmes de toise pour la longueur appelée mètre; multipliant cette fraction par 6, on obtient 3 pieds $+$ une fraction décimale 07844 qui , multipliée par **12**, donne 0 pouce 941328; multipliant enfin cette fraction décimale de pouce par **12**, on a au produit 11 lignes 295936 ; ainsi, $1^m = 3$ pieds 0 pouce 11 lignes 296 millièmes. Ce nombre étant réduit à sa plus petite espèce, donne :

$$(3 \times 12 \times 12) + 11{,}296 = 443 \text{ lignes } 296 ;$$

ou, comme la toise a **864** lignes et que $1^m =$ 0 toise 513074, pour avoir le nombre de lignes contenues dans un mètre, il suffit de multiplier 864 par la fraction décimale. En effet :

$$864 \times 0{,}513074 = 443{,}296.$$

Maintenant, veut-on savoir combien de mètres vaut une toise, on divise 864 par **443,296** et on obtient **1ᵐ** 949 ou **1ᵐ** 95. Veut-on savoir au contraire combien de toises vaut **1ᵐ**, on divise **443,296** par **864** et on obtient 0 toise 5130740 = 0 toise 3 pieds 0 pouce 11 lignes 296 millièmes.

APPLICATION. *On demande la longueur en mètres d'une pièce de terre dont le titre accuse 23 toises 4 pieds 8 pouces.*

Il faut diviser 23 T. 4 P. 8 p. réduits en lignes par la longueur du mètre réduit en lignes ; on a donc : $(23 \times 6) + 4 = 142$ pieds ; $(142 \times 12) + 8 = 1712$ pouces ; $1712 \times 12 = 20544$ lignes ; $\frac{20544}{443,296} = 46^m 343$.

AUTRE APPLICATION. *Combien valent de toises, pieds, etc., 824ᵐ ?*

On divise **824ᵐ** réduits en lignes par une toise aussi réduite en lignes ; on a, par conséquent :

$$\frac{824 \times 443,296}{864} = 422 \text{ T. } 4 \text{ P. } 7 \text{ p. } 7\,l.$$

(Après avoir trouvé 422 toises, on multiplie le reste de la division par 6 et on divise le produit par le même diviseur, on obtient 4 pieds ; on multiplie le reste de cette deuxième division par 12, on divise encore ce produit par le même diviseur, on a au quotient 7 pouces ; on multiplie enfin le reste par 12, on divise et on trouve 7 lignes.)

Pour convertir un mètre carré en toises, pieds, pouces, etc. carrés, on divise $443,296^2$ ou **196511,343616** par 864^2 ou **746496** ; le dividende ne contenant pas le diviseur, il faut multiplier ce dividende par 36 pieds, nombre de pieds carrés qui se trouvent dans une toise carrée et effectuer la division, on obtient ainsi 9 pieds, on multiplie ensuite le reste par 144 pouces, nombre de pouces carrés que contient le pied carré, on continue la division et on a 68 pouces, on multiplie enfin le reste par 144 lignes, nombre de lignes renfermées dans le pouce carré, on divise le produit toujours par le même diviseur et on a 95 lignes ; le mètre carré contient donc 0 T. 9 P. 68 p. 95 *l.* carrées.

Si l'on veut convertir une toise carrée en mètres carrés, on divise le nombre de lignes carrées contenues dans une toise carrée par le nombre de lignes carrées contenues dans un mèt. carré, c'est-à-dire 746496 par 196511,343616 et l'on obtient 3^m carrés 7987 centim. carrés.

Lorsqu'on a beaucoup de calculs à faire sur les anciennes mesures, il est préférable d'avoir un rapport exprimé en nombre décimal. Il suffit alors de multiplier par le rapport le nombre exprimé en anciennes ou en nouvelles mesures. Le tableau suivant donne un exemple des rapports de quelques mesures.

RAPPORTS DE QUELQUES MESURES SE RAPPORTANT A L'ARPENTAGE.

Nota. — *Les valeurs indiquées dans ce tableau ne s'appliquent qu'aux mesures anciennes proprement dites et non aux mesures portant un nom ancien, dites anciennes mesures métriques.*

MESURES LINÉAIRES.

ANCIENNES MESURES.	Valeurs des anciennes mesures en nouvelles.	Nouvelles mesures.	Valeurs des nouvelles mesures en anciennes.
1 perche de 22 pieds.	7m.14646	1 décam.	1,3993 perche de 22 pieds.
1 perche de 20 pieds.	6,49678	1 décam.	1,5392 id. de 20 pieds.
1 perche de 18 pieds 4 pouces . .	5,95538	1 décam.	1,6791 id. de 18 pieds 4 pouc.
1 perche de 18 pieds.	5,84711	1 décam.	1,7102 id. de 18 pieds.
1 toise	1,94904	1 mètre	0,513074 toise.
1 pied	0,32484	1 mètre	3,07844 pieds.
1 pouce.	0,02707	1 mètre	36,9413 pouces.
1 ligne	0,00225	1 mètre	443,296 lignes.

MESURES DE SUPERFICIE.

Nota. — *L'arpent des eaux et forêts valait 100 perches carrées de chacune 22 pieds de côté. L'arpent de Paris contenait 100 perches carrées de chacune 18 pieds de côté. L'acre de Normandie contenait 4 vergées de chacune 40 perches carrées. La perche dans cette province variait de 18 à 22 pieds.*

ANCIENNES MESURES.	Valeurs des anciennes mesures en nouvelles.	Nouvelles mesures.	Valeurs des nouvelles mesures en anciennes.
1 arpent des eaux et forêts. . . .	51 ar. 0720	1 hectare	1,9580 arp. des eaux et forêts.
1 arpent de Paris.	34 1887	1 hectare	2,9249 arp. de Paris.
1 acre (perche de 22 pieds) . . .	81 7152	1 hectare	1 acre, 2238 (perche de 22 P.).
1 acre (perche de 20 pieds) . . .	67 5331	1 hectare	1 acre, 4807 (perche de 20 P.).
1 acre (perche de 18 pieds 4 pouces).	56 7465	1 hectare	1 acre, 7622 (perche de 18 P. 4 p.).
1 acre (perche de 18 pieds). . . .	54 7019	1 hectare	1 acre, 8280 (perche de 18 P.).
1 perche carrée de 22 pieds . . .	0 5107	1 are	1,9580 perche de 22 pieds.
1 perche carrée de 20 pieds. . . .	0 4221	1 are	2,3692 perches de 20 pieds.
1 perche carrée de 18 pieds 4 pouces.	0 3547	1 are	2,8195 perches de 18 P. 4 p.
1 perche carrée de 18 pieds. . . .	0 3419	1 are	2,9249 perches de 18 pieds.
1 toise carrée.	3 m. 7987	1 m. car.	0 toise, 2632.
1 pied carré	0 1055	1 m. car.	9,4768 pieds carrés.
1 pouce carré.	0 m. 0007 1/3	1 m. car.	1364 pouces carrés.

Appendice aux leçons concernant la mesure des volumes.

28. On appelle segment sphérique la portion du solide sphérique comprise entre la calotte N ou la zône M, fig. 19 et les cercles qui servent de base.

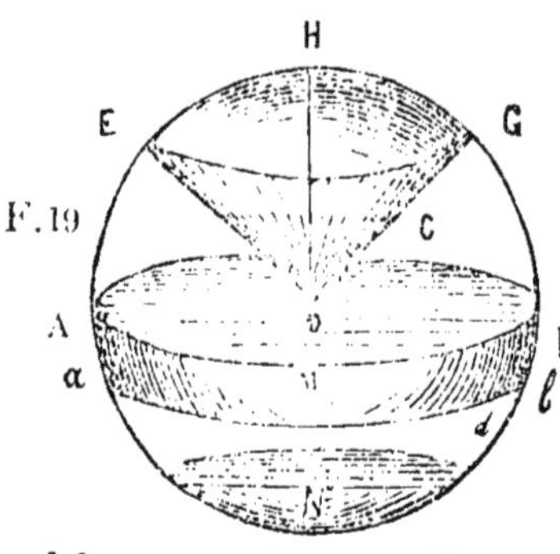

Pour trouver le volume d'un segment sphérique , lorsqu'il est compris entre deux bases parallèles, il faut multiplier la moitié de la somme des surfaces de ses bases par la hauteur et ajouter au produit le volume d'une sphère ayant pour diam. la hauteur du segment.

Nommant h la hauteur du segment, R le grand rayon et r le petit rayon,

On a : $V = \left(\dfrac{\pi R^2 + \pi r^2}{2}\right) h + 4/3\,\pi \left(\dfrac{h}{2}\right)^3$

Cette formule peut être ainsi simplifiée :

$$V = 1/6\,\pi h\,(3\,R^2 + 3\,r^2 + h^2).$$

Si l'une des bases est tangente à la sphère, nulle par conséquent, c'est-à-dire si le segment est le volume compris dans la calotte, la formule devient : $V = 1/6\,\pi h\,(3\,R^2 + h^2)$.

APPLICATION : *Un segment sphérique, dont la grande base est le cercle générateur de la sphère, a pour rayon de cette base 0 m. 50 et pour hauteur 0 m. 40, fig. 20, quel en est le volume?*

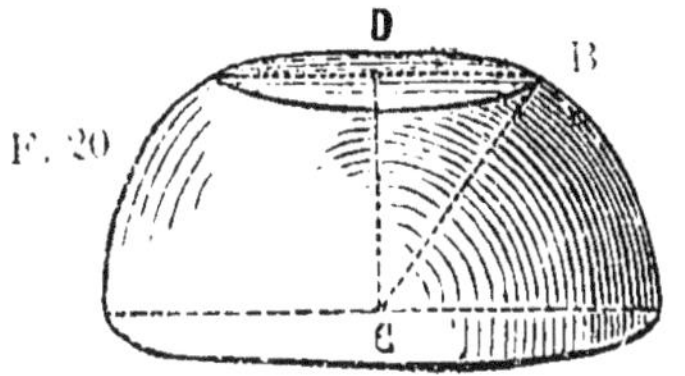

Il faut d'abord trouver le petit rayon. On remarque que C B et C A sont égaux comme rayons d'une même sphère, on a donc le triangle C B D, rectangle en D, dans lequel on connaît C B = 0,50 et C D = 0,40,

d'où $DB = \sqrt{CB^2 - CD^2} = \sqrt{0,5^2 - 0,4^2} = 0,3$. Connaissant maintenant les deux rayons et la hauteur, on peut en déterminer le vol. par la première des deux formules précédentes.

$$V = 1/6\,\pi\,h\,(3R^2 + 3r^2 + h^2) = 1/6 \times 3,1416 \times 0,4[(3\times 0,5^2)+(3\times 0,3^2)+0,4^2]=0^{m.cub.}2471139.$$

Lorsque les rayons sont donnés il n'y a qu'à appliquer les formules.

APPLICATION. *Quel est le volume d'un segment sphérique à une base dont le rayon égale* 3 *décim. et la hauteur* 0 m. 15?

On trouve : $V = 1/6\,\pi\,h\,(3R^2 + h^2) = 1/6 \times 3,1416 \times 0,15 \times [(3 \times 0,3^2) + 0,15^2] =$ 0 m. cub. 022972950 millim. cub.

29. Le secteur sphérique est le volume engendré par un triangle sphérique O E H, fig. 19, tournant autour de O H comme charnière : O E G H est donc un secteur sphérique.

Pour trouver le volume d'un secteur sphérique, on multiplie la zône qui sert de base par le tiers du rayon.

Comme la surface de la zône $= 2\,\pi\,R\,h$, on a pour le volume du secteur $V = 2/3\,\pi\,R^2\,h$.

APPLICATION. *Quel est le volume d'un secteur sphé-rique, compris dans une sphère de 3 décim. de rayon, si la hauteur de la zóne ou calotte a 0 m 15 ?*

$$V = 2/3\,\pi\ R^2\ h = 2/3 \times 3{,}1416 \times \overline{0{,}3}^2 \times 0{,}15$$
$$= 0 \text{ m. cub. } 028274 \text{ centim. cub.}$$

30. Le volume de l'ellipsoïde allongé de révolution dont les demi-axes sont a et b, est donné par la formule $V = 4/3\,\pi\,a\,b^2$; celui de l'ellipsoïde de révolution aplati dont les demi-axes sont a et b, est donné par la formule $V = 4/3\pi\,a^2 b$. Si, dans ces deux formules, on fait $a = b$, on retombe sur le volume de la sphère.

APPLICATION : *Quel est le volume d'un ellipsoïde allongé ayant 1 m. 20 pour grand axe et 0m974 pour petit axe ?*

Les demi-axes sont $\dfrac{1{,}20}{2} = 0{,}60$ et $\dfrac{0{,}974}{2} = 0{,}487$.

Appliquant la première formule, on a :

$$V = 4/3\,\pi\,a\,b^2 = 4/3 \times 3{,}1416 \times 0{,}60 \times 0{,}487^2 =$$
$$0 \text{ m. cub. } 596072 \text{ centim. cub.}$$

AUTRE APPLICATION. *Quel est le volume d'un ellipsoïde aplati ayant les mêmes dimensions que le précédent ?*

En appliquant la 2e formule, on a :

$$V = 4/3\,\pi\,a^2 b = 4/3 \times 3{,}1416 \times 0{,}6^2 \times 0{,}487 =$$
$$0 \text{ m. cub. } 734380 \text{ centim. cub.}$$

31. Le volume d'un tonneau pourrait être comparé à celui de deux cônes tronqués dont les bases auraient pour diamètres celui qu'il a à la

bonde, et dont les hauteurs seraient la moitié de la longueur du tonneau ; mais à cause de la convexité des douves, on obtiendrait ainsi un résultat trop faible. Pour obvier à cet inconvénient, une instruction ministérielle de l'an VII a indiqué la formule suivante, qui donne un résultat très approximatif : $V = \pi\, l \left(\dfrac{2\,R + r}{3}\right)^2$; dans cette formule, l représente la longueur du tonneau, et R r les différents rayons.

APPLICATION. *Quelle est la capacité d'un fût ayant 0 m. 90 de diam. à la bonde, 0 m. 70 aux extrémités et 1 m. 50 de longueur?*

On trouve :

$$V = \pi\, l\left(\frac{2\,R + r}{3}\right)^2 = 3{,}1416 \times 1{,}50 \left(\frac{2 \times 0{,}45 + 0{,}35}{3}\right)^2 =$$

817 litres 84 centil.

32. Pour trouver le volume d'un polyèdre ayant la forme des tas de cailloux déposés sur

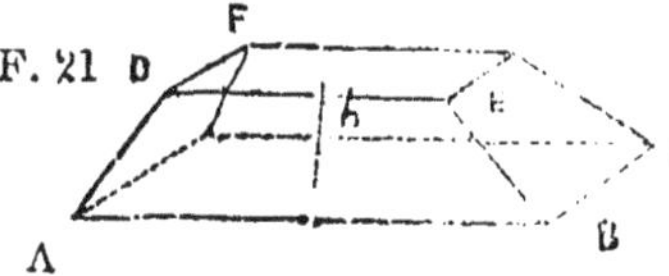

un des côtés des routes, c'est-à-dire d'un corps dont les bases sont des rectangles parallèles et les faces latérales des trapèzes, on se sert de la formule suivante, dans laquelle A B, fig. 21, $= a$, B C $= b$, D E $= c$, D F $= d$ et h désigne la hauteur :

$$V = 1/6\ h\,[a\,b + c\,d + (a+c)\,(b+d)]$$

APPLICATION. *Quel est le volume du polyèdre,*

fig. 21 , *si* A B $= 2^m50$, B C $= 1^m50$, D E $= 1^m50$, D F $= 0^m50$ et $h = 0^m50$?

On obtient :

$$V = \frac{h}{6}[ab + cd + (a+c)(b+d)] = \frac{0,5}{6} \times [\, (2,5 \times 1,5)$$

$$+ (1,5 \times 0,5) + [(2,5 + 1,5)(1,5 + 0,5)]\,] =$$

1 m. cub. 041666...

Dans la pratique, on réduit le polyèdre en un parallélipipède rectangle en se servant d'une moyenne entre les côtés parallèles pris deux à deux. Ainsi, dans le problème précédent : A B + D E = 2,5 + 1,50 = 4, dont la moitié = 2 ; B C + D F = 1,50 + 0,50 = 2, dont la moitié = 1 ; multipliant ces deux longueurs l'une par l'autre et par la hauteur, on a : $2 \times 1 \times 0,5 =$ 1 m. cube. Il faut remarquer que ce résultat n'est qu'approximatif.

MEMENTO.

Formules employées dans cette partie du traité.

LIGNES

26. Triangle rectangle : $h = \sqrt{a^2 + b^2}$, d'où $a = \sqrt{h^2 - b^2}$ et $b = \sqrt{h^2 - a^2}$.

27. Triangle scalène : Trouver le point de la base où tombe la perpendiculaire qui mesure la hauteur : $x = \dfrac{b - [(a + c)(a - c) : b]}{2}$. Dans cette formule, b exprime le plus long côté, a et c les deux autres.

SURFACES.

28. Triangle quelconque dont on connaît les trois côtés, sans se servir de la hauteur : $S = \sqrt{p\,(p-a)\,(p-b)\,(p-c)}$. Dans cette formule, p représente la demi-somme des trois côtés, et a b, c les trois côtés.

29. Trapèze, sans se servir de la hauteur :

$$S = \frac{a + c}{a - c} \times \sqrt{(p - a)\,(p - c)\,(p - b - c)\,(p - c - d)}.$$

Dans cette formule, a et c sont les côtés parallèles, b, d les côtés obliques et p le demi-périmètre.

30. Ellipse : $S = \pi\, a\, b$; a et b sont les demi-axes de l'ellipse.

31. Zône et calotte sphériques : $S = 2\,\pi\,R\,h$, d'où $h = \dfrac{S}{2\,\pi\,R}$ et $R = \dfrac{S}{2\,\pi\,h}$

32. Ellipsoïde : $S = \pi\,A\,B$; A et B sont les axes de l'ellipsoïde.

VOLUMES.

33. Segment sphérique à deux bases :
$$V = 1/6\,\pi\,h\,(3\,R^2 + 3\,r^2 + h^2).$$

34. Segment sphérique à une base :
$$V = 1/6\,\pi\,h\,(3\,R^2 + h^2).$$

35. Secteur sphérique : $V = 2/3\,\pi\,R^2\,h$.

36. Ellipsoïde de révolution allongé :
$$V = 4/3\,\pi\,a\,b^2.$$

37. Ellipsoïde de révolution aplati :
$$V = 4/3\,\pi\,a^2\,b.$$

38. Tonneau : $V = \pi\,l\left(\dfrac{2\,R + r}{3}\right)^2$

39. Polyèdre ayant la forme des tas de cailloux déposés sur les routes :
$$V = 1/6\,h\,[ab + cd + (a + c)(b + d)] ;$$
a et b représentent les différentes longueurs de la base, c et d celles de la partie supérieure et h la hauteur.

TABLE DES CORDES POUR UN RAYON ÉGAL A 1ᵐ.

D	0'	10'	20'	30'	40'	50'
0°	0	0,0029	0,0058	0,0087	0,0116	0,0145
1	0,0175	0,0204	0,0233	0,0262	0,0291	0,0320
2	0,0349	0,0378	0,0407	0,0436	0,0465	0,0494
3	0,0523	0,0553	0,0582	0,0611	0,0640	0,0669
4	0,0698	0,0727	0,0756	0,0785	0,0814	0,0843
5	0,0872	0,0901	0,0931	0,0960	0,0989	0,1018
6	0,1047	0,1076	0,1105	0,1134	0,1163	0,1192
7	0,1221	0,1250	0,1279	0,1308	0,1337	0,1366
8	0,1395	0,1424	0,1453	0,1482	0,1511	0,1540
9	0,1569	0,1598	0,1627	0,1656	0,1685	0,1714
10	0,1743	0,1772	0,1801	0,1830	0.1859	0,1888
11	0,1917	0,1946	0,1975	0,2004	0,2033	0,2062
12	0,2091	0,2120	0,2148	0,2177	0,2206	0,2235
13	0,2264	0,2293	0,2322	0,2351	0,2380	0,2409
14	0,2437	0,2466	0,2495	0,2524	0,2553	0,2582
15	0,2611	0,2639	0,2668	0,2697	0,2726	0,2755
16	0,2783	0,2812	0,2841	0,2870	0,2899	0,2927
17	0,2956	0,2985	0,3014	0,3042	0,3071	0,3100
18	0,3129	0,3157	0,3186	0,3215	0,3244	0,3272
19	0,3301	0,3330	0,3358	0,3387	0,3416	0,3444
20	0,3473	0,3502	0,3530	0,3559	0,3587	0,3616
21	0,3645	0,3673	0,3702	0,3730	0,3759	0,3788
22	0,3816	0,3845	0,3873	0,3902	0,3930	0,3959
23	0,3987	0,4016	0,4044	0,4073	0,4101	0,4130
24	0,4158	0,4187	0,4215	0,4244	0,4272	0,4300
25	0.4329	0,4357	0,4386	0,4414	0,4443	0,4471
26	0.4499	0,4527	0,4556	0,4584	0,4612	0,4641
27	0,4669	0,4697	0,4725	0,4754	0,4782	0,4810
28	0,4838	0,4867	0,4895	0,4923	0,4951	0,4979

D	0'	10'	20'	30'	40'	50'
29°	0,5008	0,5036	0,5064	0,5092	0,5120	0,5148
30	0,5176	0,5204	0,5233	0,5261	0,5289	0,5317
31	0,5345	0,5373	0,5401	0,5429	0,5457	0,5485
32	0,5513	0,5541	0,5569	0,5597	0,5625	0,5652
33	0,5680	0,5708	0,5736	0,5764	0,5792	0,5820
34	0,5847	0,5875	0,5903	0,5931	0,5959	0,5986
35	0.6014	0,6042	0,6070	0,6097	0,6125	0,6153
36	0,6180	0,6208	0,6236	0,6264	0,6291	0,6319
37	0,6346	0,6374	0,6401	0,6429	0.6456	0,6484
38	0,6511	0,6539	0,6566	0,6594	0,6621	0,6649
39	0,6676	0.6704	0,6731	0,6759	0,6786	0,6813
40	0,6840	0.6868	0,6895	0,6922	0,6950	0 6977
41	0,7004	0,7031	0,7059	0.7086	0,7113	0,7140
42	0.7167	0,7195	0,7222	0,7249	0,7276	0.7303
43	0,7330	0.7357	0.7384	0,7411	0,7438	0,7465
44	0,7402	0.7519	0,7546	0,7573	0,7600	0,7627
45	0,7654	0.7680	0,7707	0,7734	0.7761	0,7788
46	0,7815	0,7841	0,7868	0,7895	0,7922	0,7948
47	0,7975	0,8002	0,8028	0,8055	0,8082	0,8108
48	0,8135	0,8161	0,8188	0,8214	0,8241	0,8267
49	0,8294	0,8320	0,8347	0,8373	0,8400	0,8426
50	0,8452	0,8479	0,8505	0.8532	0.8558	0,8584
51	0,8610	0,8636	0,8663	0,8689	0,8715	0,8741
52	0.8767	0,8794	0,8820	0,8846	0,8872	0,8898
53	0,8924	0,8950	0,8976	0,9002	0,9028	0,9054
54	0,9080	0,9106	0,9132	0,9157	0,9183	0,9209
55	0,9235	0,9261	0,9287	0,9312	0,9338	0,9364
56	0,9389	0,9415	0,9441	0,9466	0,9492	0,9518
57	0,9543	0,9569	0,9594	0,9620	0,9645	0,9671
58	0,9696	0,9722	0,9747	0,9772	0,9798	0,9823
59	0,9848	0,9874	0,9899	0,9924	0,9950	0,9975

D	0'	10'	20'	30'	40'	50'
60°	1,0000	1,0025	1,0050	1,0075	1,0101	1,0126
61	1,0151	1,0176	1,0201	1,0226	1,0251	1,0276
62	1,0301	1,0326	1,0351	1,0375	1,0400	1,0425
63	1,0450	1,0475	1,0500	1,0524	1,0549	1,0574
64	1,0598	1,0623	1,0648	1,0672	1,0697	1,0721
65	1,0746	1,0771	1,0795	1,0819	1,0844	1,0868
66	1,0893	1,0917	1,0941	1,0966	1,0990	1,1014
67	1,1039	1,1063	1,1087	1,1111	1,1136	1,1160
68	1,1184	1,1208	1,1232	1,1256	1,1280	1,1304
69	1,1328	1,1352	1,1376	1,1400	1,1424	1,1448
70	1,1472	1,1495	1,1519	1,1543	1,1567	1,1590
71	1,1614	1,1638	1,1661	1,1685	1,1709	1,1732
72	1,1756	1,1779	1,1803	1,1826	1,1850	1,1873
73	1,1896	1,1920	1,1943	1,1966	1,1990	1,2013
74	1,2036	1,2060	1,2083	1,2106	1,2129	1,2152
75	1,2175	1,2198	1,2221	1,2244	1,2267	1,2290
76	1,2313	1,2336	1,2359	1,2382	1,2405	1,2427
77	1,2450	1,2473	1,2496	1,2518	1,2541	1,2564
78	1,2586	1,2609	1,2632	1,2654	1,2677	1,2699
79	1,2722	1,2744	1,2766	1,2789	1,2811	1,2833
80	1,2856	1,2878	1,2900	1,2922	1,2944	1,2965
81	1,2989	1,3011	1,3033	1,3055	1,3077	1,3099
82	1,3121	1,3143	1,3165	1,3187	1,3209	1,3231
83	1,3252	1,3274	1,3296	1,3318	1,3339	1,3361
84	1,3383	1,3401	1,3426	1,3447	1,3469	1,3490
85	1,3512	1,3533	1,3555	1,3576	1,3597	1,3619
86	1,3640	1,3661	1,3682	1,3704	1,3725	1,3746
87	1,3767	1,3788	1,3809	1,3830	1,3851	1,3872
88	1,3893	1,3914	1,3935	1,3956	1,3977	1,3997
89	1,4018	1,4039	1,4060	1,4080	1,4101	1,4122

Problèmes divers.

P. 1. Combien a de degrés chacun des angles d'un triangle équilatéral ?

P. 2. On demande la somme des deux angles aigus d'un triangle rectangle.

P. 3. Quel nom donne-t-on à un triangle dont deux angles ont l'un 37° et l'autre 28° ?

P. 4. Combien valent de degrés les quatre angles d'un trapèze ?

P. 5. On demande la valeur de chacun des trois angles d'un triangle rectangle qui est isocèle.

P. 6. Deux angles d'un triangle ont : l'un 72° 20', l'autre 56° 58', quelle est la valeur de l'autre angle ?

P. 7. Trouver l'hypoténuse du triangle, fig. 1.

P. 8. On demande l'hypoténuse d'un triangle rectangle dont les deux autres côtés ont 3 m. et 4 m.

P. 9. On demande l'un des deux côtés de l'angle droit d'un triangle rectangle, sachant que l'autre côté a 6 m. et l'hypoténuse 10 m.

P. 10. Trouver la hauteur du triangle, fig. 3.

P. 11. Un triangle équilatéral a 6 m. de chaque côté, quelle en est la hauteur ?

P. 12. Quelle est la hauteur du triangle, fig. 2, si l'on prend pour base le côté A C ?

P. 13. Si l'on prend pour base le côté A B du triangle fig. 1, on demande à quelle distance sur cette base devra tomber la perpendiculaire menée de C sur A B ?

P. 14. Un triangle a 18 m. de base, les autres côtés ont 13 m. et 15 m., on demande à quelle distance sur la base tombe la perpendiculaire ?

P. 15. Trouver la hauteur d'un triangle dont la base est 21 m. et les autres côtés 17 m. et 10 m.

P. 16. Quelle est la diagonale d'un carré ayant 18 m. de chaque côté ?

P. 17. On veut diviser un rectangle en deux triangles égaux ; ce rectangle a 26 m. de long sur 12 m. de large, quelle sera l'hypoténuse de ces deux triangles ?

P. 18. Un carré a pour diagonale 14 m., quelle est la longueur de chaque côté de ce carré ?

P. 19. Quel sera le côté d'un carré inscrit dans un cercle dont la circonf. a 47 m. 124 ?

P. 20. Un trapèze a 58 m. car. 50 de surface et pour hauteur 9 m., quelle est la longueur des côtés parallèles, sachant que leur différence est 3 m. ?

P. 21. Quel est le rayon d'un cercle inscrivant un carré de 324 m. car. de surface ?

P. 22. Quelles sont les dimensions d'un carré inscrit dans un cercle de 50 m. car. 2656 de surface ?

P. 23. On demande à quelle distance tombera sur la base d'un triangle la perpendiculaire qui en mesure la hauteur, si ce triangle a pour côtés 72 m., 84 m. et 108 m.

P. 24. On veut mesurer un hexagone, en le décomposant en deux trapèzes, on demande les côtés et la hauteur des trapèzes, sachant que chaque côté de l'hexagone a 6 m. et qu'il égale le rayon du cercle qui l'inscrit.

P. 25. Le grand diam. d'un cône tronqué a 30 m., le petit diam. a 18 m. et le côté 13 m., quelle est la hauteur de ce tronc de cône ?

P. 26. Un triangle isocèle contient 144 m. car. de surface, la base a 12 m., quels sont les deux autres côtés ?

P. 27. Un rectangle est 4 fois plus long que large, il contient 2 hect. 31 ares 04, on demande quelles en sont les dimensions.

P. 28. Quels sont les côtés d'un carré dont la différence de chaque côté à la diagonale est de 8 m. ?

P. 29. Quelle est la diagonale d'un carré dont la différence de chaque côté à cette diagonale est de 16 m. ?

P. 30. Quelle est la largeur de la rivière représentée fig. 7, mesurée de A à B ?

P. 31. Quelle est la hauteur de l'édifice représenté fig. 9, sachant que A D = 1 m. 60, A B = 2 m. 70, C D = 1 m. 50 et C E = 24 m. 20 ?

P. 32. Quelle est la valeur d'un angle inscrit dont les côtés comprennent sur la circonf. un arc de 189° 0' 8'' ?

P. 33. Quelle est la longueur d'un arc compris sous un angle de 46° si la circonf. a 48 m. ?

P. 34. Dites le nombre de degrés d'un angle dont l'arc a 17 m. si la circonf. a 92 m.

P. 35. Quelle est la circonf. d'un cercle dont un de ses arcs de 12 m. comprend un angle de 95° ?

P. 36. Quel est le diam. d'un cercle dont un des arcs de 15 m. est compris sous un angle de 75° 15' 30" ?

P. 37. Quelle est la corde d'un arc dont le diam. du cercle a 36 m. si la flèche a 12 m. ?

P. 38. Quelle est la flèche d'un arc dont la corde a 33 m. 94, si le diam. du cercle a 36 m. ?

P. 39. A quelle distance de la circonf. se trouve le centre d'un arc dont la corde a 12 m. et la flèche 3 m. ?

P. 40. Une corde de 12 m. sous-tend un arc de 6° 15', quel est le rayon du cercle ?

P. 41. Dans un cercle de 10 m. de rayon, quels sont les arcs sous-tendus par des cordes de 12 m., 5 m., 7 m. 50, 3 m. 25 ?

P. 42. Quel est le côté de l'heptagone régulier inscrit dans un cercle de 2 m. de rayon ?

P. 43. Un décagone régulier a 10 m. de côté, quel est le rayon du cercle dans lequel il pourrait être inscrit ?

P. 44. Trouver la surface d'un triangle scalène dont les trois côtés sont 14 m., 16 m. et 18 m., sans se servir de la hauteur.

P. 45. On demande la surface des quatre segments d'un cercle dans lequel est un carré inscrit de 36 m. car. de surface, sachant que le segment est une portion de cercle comprise entre une corde et un arc.

P. 46. Quelle est la surface d'un hexagone régulier inscrit dans un cercle de 18 m. de diam., sachant que chaque côté de l'hexagone égale le rayon du cercle ?

P. 47. Dites la surface et la hauteur d'un triangle dont la base est 7 m. et les deux autres côtés 5 m. et 6 m. ?

P. 48. Quelle est la surface du secteur, fig. 15 ?

P. 49. Quelle est la surface du segment, fig. 15 ?

P. 50. Trouver la surface d'un segment compris sous un angle de 60 degrés dans un cercle de 6 m. de rayon.

P. 51. Quelle est la surface d'une ellipse dont les deux axes sont 1 m. 40 et 1 m. 15 ?

P. 52. La surface d'une ellipse est de 1 m. car. 264494 ; la moitié du grand axe a 0 m. 70 ; dites la longueur du petit axe.

P. 53. Quel est le grand axe d'une ellipse dont la surface est de 2 m. car. 12058, si le petit axe a 1 m. 50 ?

P. 54. Dites la surface de la calotte N , fig. 17, si la sphère a 29 m. de diam et la calotte 4 m. de hauteur.

P. 55. Trouver la surface de la zône sphérique M, fig. 17, si la sphère a 11 m. 5 de rayon et la zône 3 m. 50 de hauteur ?

P. 56. Une zône sphérique est prise sur une sphère de 3 m. de rayon, sa surface est de 37 m. car. 6992 ; quelle en est la hauteur ?

P. 57. Sur une sphère de 8 m. de diam., quelle est la surface d'une calotte de 1 m. 20 de hauteur ?

P. 58. Quelle est la surface de l'ellipsoïde , fig. 18, ayant 0 m. 45 c. et 0 m. 22 pour axes ?

P. 59. Quel est le grand axe d'un ellipsoïde ayant 5 m. car. 057976 de surface, si le petit axe est de 1 m. 15 ?

P. 60. Un ellipsoïde a 8 m. car. 8311792 de surface, le grand axe a 1 m. 90, quel est le petit axe ?

P. 61. Dites combien un arpent de Paris vaut d'ares, sachant que l'arpent contenait 100 perches, dont chacune avait 18 pieds de côté.

P. 62. Dites combien un hectare vaut d'arpents de Paris.

P. 63. Combien 52 arpents 43 perches valent-ils d'ares ?

P. 64. La mesure agraire d'une contrée était l'acre, qui se divisait en 4 vergées et la vergée en 40 perches ; la perche avait 18 pieds 4 pouces de côté ; dites combien contient d'ares : 1º une acre, 2º une vergée, 3º une perche.

P. 65. Combien un hectare vaut-il de perches de 18 pieds 4 pouces ?

P. 66. Combien 9 acres 3 vergées 18 perches valent-elles d'ares (perche de 18 P. 4 p.) ?

P. 67. Combien 7 hectares valent-ils d'arpents de Paris ?

P. 68. Si la perche d'un pays était de 22 pieds, combien 18 acres 2 vergées valaient-elles d'hectares ?

P. 69. Quel est le volume du segment sphérique A b C, fig. 19, si la hauteur est 0 m. 35 et les rayons 1 m. 45 et 1 m. 35 ?

P. 70. Quel est le volume du segment sphérique N, fig. 19, si le rayon de la base est 1 m. et la hauteur 0 m. 4 décim.

P. 71. Quelle est la contenance en litres d'une citerne cylindrique surmontée d'une calotte, si le cylindre a 1 m. 80 de hauteur, 3 m. 20 de diam., et que la calotte ait 0 m. 40 de hauteur ?

P. 72. On veut construire une citerne cylindrique qui contienne 150 hectolitres, le diam. devra avoir 2 m. 80 ; elle sera surmontée d'une calotte de 0 m. 3 de hauteur ; quelle profondeur devra-t-elle avoir ?

P. 73. Quel est le volume d'un segment sphérique enveloppé dans une zône dont la surface qui lui sert de base a 6 m. de rayon, si ce segment a 2 m. de hauteur ?

P. 74. Quel est le volume d'un secteur sphérique compris dans une sphère de 6 m. de rayon, si la hauteur de la zône ou calotte a 3 m. ?

P. 75. Quel est le volume d'un ellipsoïde de révolution allongé ayant pour axes 1 m. 80 et 1 m. 50 ?

P. 76. Quel est le volume d'un ellipsoïde de révolution aplati, ayant pour axes les mêmes dimensions que le précédent ?

P. 77. On demande la différence en poids des deux ellipsoïdes précédents si la densité du premier = 3,5 et celle du deuxième = 2,916.

P. 78. Combien contient de litres un tonneau de 1 m. 40 de long et dont le diam. à la bonde est de 0 m. 80 et celui des fonds de 0 m. 56 ?

P. 79. Quelle est la capacité d'un tonneau long de 1 m. 70, si le diam. à la bonde a 0 m. 90 et aux fonds 0 m. 72 c. ?

P. 80. Quelle longueur faudra-t-il donner à un tonneau pour qu'il contienne 255 litres 18 c., si l'on veut donner pour diamètres, à la bonde 0 m. 60 et aux fonds 0 m. 51 ?

P. 81. On verse 5 kilog. 424 gr. de mercure dans un entonnoir exactement conique qui a 8 centim. de profondeur ; quel devra être le diam. de l'entonnoir en supposant que le mercure le remplisse exactement ?

P. 82. Le litre pour mesurer les grains est un cylindre dont la hauteur égale le diam. ; quel sera le rayon de cette mesure ?

P. 83. Le litre pour mesurer les liquides est un cylindre dont la hauteur égale le double du diamètre de la base ; en trouver le rayon.

P. 84. On demande quel est le volume d'un câble formé par deux torons, en considérant chaque toron comme engendré par un cercle de 0 m. 02 de rayon perpendiculairement glissant sur une hélice obtenue en enroulant 4 fois un triangle rectangle sur un cylindre de 8 m. de haut et de 0 m. 35 de rayon, sachant que la base du triangle égale 4 fois la longueur de la circonf. de la base du cylindre.

P. 85. Les chambres d'un mortier de 12 pouces et d'un mortier de 8 pouces sont des cylindres droits de même hauteur : le rayon de la première = 0 m. 126 ; quel est le rayon de la deuxième, sachant que la chambre du premier mortier reçoit 1696 grammes de poudre et celle du deuxième 635 grammes ?

P. 86. Une bombe dont l'épaisseur est de 2 centim. a pour rayon intérieur 0 m. 012 ; on demande le poids de cette bombe pleine de poudre, sachant que la densité du métal est de 7,5 et celle de la poudre 2.

P. 87. En supposant la terre parfaitement sphérique et sachant que le quart du méridien égale 10 millions de métres, on demande de déterminer : 1° son rayon, 2° sa surface, 3° son volume, 4° son poids ; la densité moyenne de la terre étant 4,5.

P. 88. Une machine soufflante lance 14 kilog. d'air par minute ; elle se compose d'un cylindre dont le diam. intérieur a 0 m. 75, la course du piston égale 0 m. 50, de telle sorte que chaque coup de piston lance un volume d'air égal à celui d'un cylindre de 0 m. 50 de hauteur et de 0 m. 75 de diamètre. Combien dure chaque coup de piston, sachant que le m. cube d'air pèse 1298 grammes ?

P. 89. On demande le prix de 4 colonnes de fonte qui doivent supporter un édifice, si la densité de la fonte égale 7,207, que le prix du kilog. de fonte soit 0 fr. 22, et que chaque colonne ait 0 m. 26 de diam. intérieur, que l'épaisseur du métal soit de 2 centim. et la hauteur de 4 m. 10 c.

P. 90. On a construit une citerne de forme cylindrique, ayant 2 m. 40 de profondeur, surmontée d'une calotte le cylindre a 1 m. 20 de rayon et la calotte 0 m. 60 de hauteur, mesurés intérieurement ; les murs ont 0 m. 35 d'épaisseur : on donne 32 fr. du m. cube de maçonnerie ; combien paiera-t-on ?

P. 91. On a rempli de mercure un vase métallique de la forme d'une sphère, ayant 2 centim. d'épaisseur et 0m. 25 de diam. mesuré dans l'intérieur ; on demande le poids total, sachant que la densité du vase métallique est de 7,5.

P. 92. On a une barre de plomb longue de 1 m., large et épaisse de 0 m. 04, avec laquelle on voudrait faire 1,000 balles. On demande le rayon du moule et le poids d'une balle, sachant que la densité du plomb est de 11,55.

P. 93. Un robinet a 2 cent, 1/2 de rayon, il donne en une seconde un volume d'eau représenté par une colonne liquide de 0 m. 25 de longueur et doit servir pour remplir un tonneau dont le diam. à la bonde à 1 m. 30, celui des fonds 0 m. 80, et la longueur 1 m. 80. On demande la capacité du tonneau et le temps au bout duquel il sera rempli.

P. 94. Entre Paris et Rouen se trouvent 4 fils télégraphiques principaux dont le diam. est d'environ 2 millim. 1/2 ; on en demande le poids supposant que la distance qui sépare ces deux villes soit de 140 kilom. et que la densité du métal égale 7,5.

P. 95. Le volume d'un cylindre est de 21 m. cub. 987, la surface latérale de 43 m. car. 9740. Quel en est le rayon? (1).

P. 96. Quel est le volume d'un prisme dont la base est

(1) En divisant le double du volume d'un cylindre par sa surface latérale, on obtient le rayon de ce cylindre. En effet :

$$V = \pi R^2 H \; ; \; S = 2 \pi R H \; ; \text{ mais dans la formule S, } H = \frac{S}{2\pi R}$$

et remplaçant dans la formule V, H par cette valeur, on a :

$$V = \pi R^2 \left(\frac{S}{2\pi R} \right) \text{ ou } V = \frac{\pi R_2 S.}{2\pi R} = \frac{R S}{2} \text{ d'où } 2 V = R S$$

$$\text{et enfin } R = \frac{2 V}{S}$$

un octogone régulier qui pourrait être inscrit dans un cercle de 8 m. de rayon, si la hauteur du prisme est de 3 décim. 1/2 ?

P. 97. Les fils de fer de première qualité supportent sans se rompre un poids de 80 kilog. par millim. carré de section transversale, mais il n'est pas prudent de porter leur charge au-delà du quart de ce poids. On a un câble en fils de fer exposé à une charge maximum de 15000 kilog., quel est le nombre total de fils que l'on devra employer à le composer, le diam. d'un fil étant de 0 m. 0034 ?

P. 98. Quel est le volume d'un monceau de cailloux ayant la forme de ceux qui sont déposés sur les routes pour les entretenir, si la base inférieure est un rectangle de 4 m. de long, 3 m. de large, la face supérieure un rectangle de 3 m. de long, 2 m. 25 de large, et la hauteur 0 m. 90 ?

P. 99. On demande le volume et la surface latérale d'un cône inscrit dans une sphère de 5 m. de rayon, sachant que le côté est égal au diamètre de ce cône.

P. 100. Un bassin de forme circulaire dont le fond a 78 m. car. 54 de surface et la surface latérale 78 m. car. 54 également, doit être rempli par deux robinets : le premier a 0 m. 06 de rayon intérieur et le deuxième 0 m. 045 ; le volume d'eau qu'ils donnent en une seconde est représenté par une colonne liquide de 0 m. 30 de longueur. On demande au bout de quel temps le bassin se trouvera à moitié et au bout de quel temps l'eau sera parvenue à 0 m. 10 du haut ?

SOLUTIONS DES 400 PROBLÈMES

Du Traité pratique de la Mesure des Lignes, des Surfaces & des Volumes.

A cause de certaines difficultés typographiques, on ne s'est point servi dans ces solutions du signe $\sqrt{\ }$ qui marque l'extraction d'une racine, ni du trait horizontal séparant deux nombres, qui marque la division.

Le signe $\sqrt{\ }$ est remplacé par les mots : *Ext. la rac.* car. de et le signe $\sqrt[3]{\ }$ par les mots : *Ext. la rac. cub. de.*

Le signe de division est indiqué par deux points : ainsi, 39 : (0,15 × 0,15) = 1733 1/3, signifie qu'il faut diviser 39 par le produit de 0,15 × 0,15.

Les abréviations qui diffèrent de celles qui sont mentionnées dans le texte sont :

d. pour décimètre,	car. pour carré,
c. pour centimètre,	cub. pour cube.

On y a encore ajouté :

F. pour formule,

F. c. pour conséquence d'une formule ; ainsi :

F 1. c 2. indique qu'il faut se reporter à la partie 2° de la formule n° 1 : 2 R ou $D = \dfrac{C}{\pi}$, c'est-à-dire que pour avoir le diam. d'un cercle, lorsqu'on connaît la circonférence, il faut diviser cette circonférence par 3,1416.

F 20. c 2. indique qu'il faut se reporter à la partie 2° de la formule 20 : $H = \dfrac{3\,V}{S\ \text{base}}$, c'est-à-dire que pour avoir la hauteur d'une pyramide dont on connaît le volume et la surface de la base, il faut diviser le triple du volume de cette pyramide par la surface de la base.

Remarque. Il est non seulement utile que les élèves connaissent les formules, mais il est encore

4

bon qu'ils sachent comment on les trouve ; car le travail qu'ils feront à ce sujet fixera dans leur mémoire les principes de géométrie si abstraits par eux-mêmes. Il convient donc que le maître fasse répéter souvent ces formules. Veut-il, par exemple, s'assurer si l'élève se rend compte de la formule $2 \pi R H$ qui donne la surface latérale du cylindre droit ; celui-ci récitera le n° 91, page 36 : « Pour obtenir la surface « latérale d'un cylindre droit, on multiplie la circonf. « par la hauteur. » Il devra ajouter : mais la circonf. égale le produit du diam. multiplié par π, ce qui est $2 R \pi$, qu'il faut maintenant multiplier par la hauteur H. On a donc : la surface latérale du cylindre droit $= 2 R \pi H$, ou en intervertissant l'ordre des facteurs : $2 \pi R H$.

Si l'on prend encore pour exemple le vol. de la sphère, on trouve page 61, n° 136 : « Pour obtenir « le vol. d'une sphère, on multiplie la surface de « cette sphère par le rayon et on prend le tiers du « produit. » Mais la surface de la sphère égale celle de quatre grands cercles ; celle d'un cercle égale le carré du rayon multiplié par π, ce qui est πR^2 ; celle de quatre grands cercles égale $4 \pi R^2$, qu'il faut maintenant multiplier par le tiers du rayon de la sphère, ce qui donne $4 \pi R^2 \times \dfrac{R}{3}$ ou $\dfrac{4 \cdot R^2 R}{3}$ ou enfin $4/3 \pi R^3$.

On ne peut croire que les formules ainsi expliquées et retenues n'exercent une grande influence sur l'intelligence de l'élève et ne favorisent ses progrès. Tous les instituteurs reconnaîtront que ce moyen est infaillible. La mémoire seule des formules n'offrirait à l'esprit qu'une connaissance aussi aride que fugitive ; tandis qu'en les appuyant du raisonnement, l'étude n'en sera que plus attrayante et le souvenir plus durable.

SOLUTIONS

P. 1. 1° 35000 décim. ; 2° 350000 centim. ; 3° 3500000 millim.

P. 2. $28 \times 100 = 2800$ décim.

P. 3. 1° 4 myriam.$=40000$ m. ; 2° 37 décam. $= 370$ m. ; 3° 9 hectom. $= 900$ m. ; 4° 718 décim. $= 71$ m. 8 d. ; 5° 3742 centim.$=37$ m. 42 ; 6° 39 hectom. $= 3900$ m. ; 7° 18 myriam. $= 180000$ m. Total 225279 m. 22 centim.

P. 4. 1° 5 hectom.$=5000$ décim. ; 2° 32 décam.$=3200$ décim ; 3° 172 m.$=1720$ décim. ; 4° 92 kilom. $= 920000$ décim. ; 5° 18 hectom. $= 18000$ décim. Total 947920 décim.

P. 5. 1° $780 \times 2 = 1560$ demi-m. ; 2° $9 \times 100 \times 2 = 1800$ demi-m. ; 3° $72 \times 1000 \times 2 = 144000$ demi-m. Total 147360 demi-m.

P. 6. $(149 \times 10) : 2 = 745$ doubles-décim.

P. 7. $(25 \times 10) : 2 = 125$ doubles-décim.

P. 8. $158039 : 93380 = 1$ fois 69 centièmes.

P. 9. 1° 34 m. $=3400$ centim. ; 2° 6 décam. $= 6000$ cent. ; 3° 28 décim. $= 280$ centim. ; 4° 54 hectom. $= 540000$ centim. ; 5° 8 décim. $= 80$ centim. Total 549760 centim.

P. 10. 700 : (10 × 2) = 35 doubles-décam.

P. 11. (784 × 2) : 100 = 14 demi-décam.+ 81 décim.; mais 84 décim. font 8 m. 4 décim. ou 1 demi-décam. 34 décim.; donc 14 + 1,34 = 15 demi-décam. 34 décim.

P. 12. 35 × 10 × 2 = 700 demi-m.

P. 13. 64 × 0,16 = 10 m. 24 centim.

P. 14. 5,76 : 32 = 0 m. 18 centim.

P. 15. F 1. C 2. 56, 5488 : 3,1416 = 18 m.

P. 16. F 1. 2 × 3,1416 × 9,5 = 59 m. 6904.

P. 17. F 1. 2 × 3,1416 × 8 = 50 m. 2656.

P. 18. F 1. C 2. 75,3984 : 3,1416 = 24 m.

P. 19. F 1. 2 × 3,1416 × 9 = 56 m. 5488.

P. 20. 9,17 × 2 = 18 m. 34 c.

P. 21. Fl. C 1. 28,2744 : (2 × 3,1416) = 4 m 50 c.

P. 22. F 1. 2 × 3,1416 × 0,25 = 1 m. 5708.

P. 23. 27 : 2 = 13 m. 50 c.

P. 24. 27 × 97,5 = 2639 m. 25 c.

P. 25 (Voir le n° 31 du traité). 10000000 × 4 = 40000000 m.

P. 26. F 1. 0,6 × 3,1416 = 1 m. 88496; F 2. C 2. 2, 51328 : 3,1416 = 0 m. 80 c.

P. 27. F 1. 0 m. 20 × 3,1416 = 0 m. 62832.

P. 28. F 1. C 1. 21,9912 : (2 × 3,1416) = 3 m. 50 c.

P. 29. F 1. 13 × 3,1416 = 40 m. 8408.

P. 30. 10000000 m. = 1000 myriam.

P. 31. 1° 50 d. car. = 0 m. 50; 2° 3 d. car. = 0 m. 03; 3° 35 c. car. = 0 m. 0035; 4° 35 centièm. de m. car. = 0 m. 35; 5° 9 dixièm. de m. car. = 0 m. 9; 6° 315 dixièm. de m. car.

= 31,5 ; 7° 20 ares = 2000 m. ; 8° 15 ares =
1500 m. ; 9° 34 hectar. = 340000 m. ; 10° 2
centiar. = 2 m. ; 11° 22 centiar. = 22 m.
Total 343557 m. car 2835 c. car.

P. 32. Puisqu'un arc égale 10 m. car., il faut
reculer de deux rangs vers la gauche la virgule
des nombres du P. précédent. Total 3435 arcs
57 centiares 2835 c. car.

P. 33. 15 h. 00 a. 00 centiares $+$ 0 a. 02 cent.
$+$ 0 a. 30 cent. $+$ 18 a. $+$ 1 a. 15 cent. $+$
0 a. 18 cent. $+$ 5 hectares $=$ 20 h. 19 a. 65 c.

P. 34. 0 m. car. 15 d. 00 c. $+$ 25 m. 00 d.
17 c. $+$ 50 m. 19 d. $+$ 0 m. 45 d $=$ 75 m. car.
79 d. 17 c. car.

P. 35. 15 m. car. 00 d. $+$ 1 m. 80 d. $+$ 3m. 09 d.
$+$ 15 m. 00 d. $+$ 0 m. 75 d. $+$ 3 m. 05 d. car.
$=$ 38 m. car. 69 d. car.

P. 36. 156000 m. car. $+$ 7 m. $+$ 0 m. 50 d.
$+$ 0 m. 00 d. 03 c. $+$ 90000 m $+$ 900 m. $+$
0 m. 90 d. $+$ 9000 m. $+$ 90000 m. $=$ 339908
m. car. 40 d. 03 c. car.

P. 37. F 2. $18 \times 18 = 324$ m. car.
P. 38. F 3. $29 \times 5 = 145$ m. car.
P. 39. F 2. $45 \times 45 = 2025$ m. car.
P. 40. F 2. $15^2 + 9^2 = 306$ m. car.
P. 41. F 2. $5,3 \times 5,3 = 28$ m. car. 09 d. car.
P. 42. F 2. $1,5 \times 1,5 = 2$ m. car. 25 d. car.
P. 43. F 2. $450,5 \times 450,5 = 2029$ a. 50 cent.
P. 44. F 3. $18 \times 5 = 90$ m. car.
P. 45. F 3. $912 \times 815,5 = 74$ h. 37 a. 36 cent.
P. 46. F 3. $4,5 \times 0,25 \times 29 = 10$ m. car.
1250 c. ou 1012 d. car. 50 ; $\times 0,03 = 30$ f. 375.

P. 47. F 3. 721,5 $\times$ 328 $=$ 2366 a. 52 ; $\times$ 23 f. 50 $=$ 55613 f. 22 c.

P. 48. F 4. 28,5$\times$10,2 $=$ 290 m. car. 70 d.

P. 49. F 4. 1,25 $\times$ 3,5 $=$ 137 d. car. 50 c.

P. 50. F 4. 25,5$\times$17,05$=$431 m. car. 77 d. 50 c. car.

P. 51. F 4. 12,5 $\times$ 13,5 $=$ 168 m. car.75 d.

P. 52. F 4. 1,5 $\times$ 1,4 $\times$ 15 $=$ 38 m. car. 25 ; $\times$ 4 f. 25 $=$ 133 f. 875.

P. 53. F 5. (31 $\times$ 14) : 2 $=$ 217 m. car.

P. 54. F 5 (72,25$\times$125) : 2 $=$ 4515 m. car. 6250 c. car.

P. 55. F 5. (1750 $\times$ 2250) : 2 $=$ 196 h. 87 a. 50 cent.

P. 56. F 5. (17 $\times$ 14,20) : 2 $=$ 120 m. car. 70 d. car.

P. 57. F 6. (32 $+$ 24,5) $\times$ 9 : 2 $=$ 254 m. car. 25 d. car.

P. 58. F 6. (35 $+$ 17,5) $\times$ 10 : 2 $=$ 262 m. car. 50 d. car.

P. 59. F 6. (47 $+$ 78,8) $\times$ 45,70 : 2 $=$ 2874 m. car. 53 d. car.

P. 60. F 6. (18 $+$37,4) $\times$ 72 : 2 $=$ 1994 m. car. 40 d. car.

P. 61. F 6. (42,20$+$38,75)$\times$37 : 2 $=$ 1497 m. car. 57 d. 50 c. car.

P. 62. 1° F 2. 185,5 $\times$ 185,5 $=$ 34410 m. car. 25 ; $+$ 2° F 4. 175 $\times$ 215 $=$ 37625 m. ; $+$ 3° F 5. (115,20 $\times$ 318) : 2 $=$ 66016 m. 80; $+$ 4° F 4. 218$\times$160 m. 50 $=$ 34989 m. ; $+$ 5° F 6 (149 $+$ 178, 25) $\times$ 58 : 2 $=$ 9490 m. 25. Total 182531 m. car. 30 d. car.

P. 63. F 7. $(12 \times 6 \times 10) : 2 = 360$ m. car.

P. 64. F 7. $(18 \times 6 \times 15,58) : 2 = 841$ m. car. 32 d. car.

P. 65. F 7. $(108 \times 16,48) : 2 = 889$ m. car. 92 d. car.

P. 66. F 7. $(8 \times 7 \times 8,30) : 2 = 232$ m. car. 40 d. car.

P. 67. F 7. $(77 \times 11,91) : 2 = 458$ m. car. 53 d. 50 c. car.

P. 68. F 5. $(26,5 \times 5 : 2) + (26,5 \times 17 : 2) = 291$ m. car. 50 d. car.

P. 69. F 1. C 1. $R = 43,9824 : (2 \times 3,1416) = 7$ m.; F 8. $S = 3,1416 \times 7^2 = 153$ m. car. 9384 c. car.

P. 70. F 8. $3,1416 \times 9^2 = 254$ m. car. 4696 c. car.

P. 71. F 8. $3,1416 \times (24 : 2)^2 = 452$ m. car. 3904 c. car.

P. 72. F 8. $3,1416 \times 3^2 = 28$ m. car. 2744 c. car.

P. 73. F 8. $50,2656 \times (16 : 2) : 2 = 201$ m. car. 0624 c. car.

P. 74. F 8. $3,1416 \times (4 : 2)^2 = 12$ m. car. 5664 c. car.

P. 75. F 8. $R = 5$; $3,1416 \times 5^2 = 78$ m. car. 54 d. car.

P. 76. F 8. $3,1416 \times (20 : 2)^2 = 314$ m. car. 16 d. car.

P. 77. F 8. $3,1416 \times 16^2 = 804$ m. car. 2496 c. car.

P. 78. F 1. C 1. $R = 3,1416 : (2 \times 3,1416) = 0,5$; F 8. $3,1416 \times 0,5^2 = 0$ m. car. 7854 c.

P. 79. F 8. $3,1416 \times 13^2 = 5309304$ c. car.

P. 80. F 1. C 1. R. $= 69,1152 : (2 \times 3,1416)$ $= 11$; F 8. $3,1416 \times 11^2 = 380$ m. car. 1336 c.

P. 81. F 8. $3,1416 \times (3846 : 2)^2 = 116174$ décam. car. 137464 c. car.

P. 82. F 8. $3,1416 \times (0,20 : 2)^2 = 0$ m. car. 031416 millim. car.

P. 83. Circonf. $= 43,9824 \times 2 = 87,9648$; F 1. C 1. R $= 87,9648 : (2 \times 3,1416) = 14$; F 8 $3,1416 \times 14^2 = 615$ m. car. 7536 c. car.

P. 84. F 9. $6 \times \overline{13,5}^2 = 1093$ m. car. 50 d.

P. 85. F 9. $6 \times \overline{9,5}^2 = 541$ m. car. 50 d.

P. 86. F 9. $6 \times \overline{0,012}^2 = 864$ millim. car.

P. 87. F 9. $6 \times \overline{1,25}^2 = 9$ m. car. 3750 c.

P. 88. F 10. $(9 + 3 + 9 + 3) \times 21,4 =$ 513 m. 60; $+$ S. des bouts. F 3. $3 \times 9 \times 2 =$ 54 m., S. totale 567 m. car. 60 d. car.

P. 89. F 10. $(0,42 + 0,35 + 0,42 + 0,35) \times$ $3,25$; $+$ F 3. $(0,42 \times 0,35 \times 2) = 5$ m. car. 2990 c.

P. 90. F 10. $(5 + 2,75 + 5 + 2,75) \times 14,25$ $= 220$ m. car. 8750 c. car.

P. 91. F 10. $(0,95 + 0,95 + 0,7 + 0,7) \times$ $1,45 = 4,785$; $+$ F 3. $0,95 \times 0,7 \times 2 =$ 6 m. car. 1150 c. car.

P. 92. F 12. $(16 \times 3 \times 30) : 2 = 720$ m. c.

P. 93. F 12. $(3 \times 6 \times 9) : 2 = 81$ m. car.

P. 94. F 12. $(4,25 \times 5 \times 8,35) 2 = 88$ m. car. 718750 millim. car.

P. 95. F 11. $2 \times 3,1416 \times (12 : 2) \times 23 =$ 867 m. car. 0816 c. car.

P. 96. F 11. $2 \times 3,1416 \times 0.30 \times 1,25 =$ 2 m. car. 3562 c. car.

P. 97. F 11. $0,75 \times 0,7 = 0$ m. car. 5250 c.

P. 98. F 11. $2 \times 3,1416 \times 15 = 94$ m. car. 2480 c. car.

P. 99. F 11. $2 \times 3,1416 \times (7 : 2) \times 5,20 = 114$ m. car. 354240 millim. car.

P. 100. F 12. $(2 \times 5 \times 7) : 2 = 35$ m. car.

P. 101. F 12. $(3,5 \times 5 \times 12,2) : 2 = 106$ m. car. 75 d. car.

P. 102. F 13. $[(17 \times 4) + (11 \times 4)] \times 28 : 2 = 1568$ m. car.

P. 103. F 13. $[(8,40 \times 3) + (5,7 \times 3)] : 2 \times 7,6 = 160$ m. car, 74 d. car.

P. 104. F 13. $(6,3 + 14,1) : 2 \times 8 \times 9 = 734$ m. car. 40 d. car.

P. 105. F 14. $3,1416 \times 7,5 \times 31 = 730$ m. car. 4220 c. car.

P. 106. F 14. $(9 \times 7) : 2 = 31$ m. car. 50 d.

P. 107. F 14. $(3,1416 \times 5 \times 22) = 345$ m. car. 5760 c. car.

P. 108. F 15. $3,1416 \times 25 \times (9 + 5) = 1099$ m. car. 56 d. car.

P. 109. F 15. $3,1416 \times 5 \times (2 + 1,5) = 549780$ centim. car.

P. 110. F 15. $3,1416 \times 7,25 \times (4 + 3) = 159$ m. car. 4362 c. car.

P. 111. F 15. $[(2 \times 3,1416 \times 2) + 8] \times 8 : 2 = 82$ m. car. 2656 c. car.

P. 112. F 16. $4 \times 3,1416 \times 12^2 = 1809$ m. car. 5616 c. car.

P. 113. F 16. $4 \times 3,1416 \times 6^2 = 452$ m. car. 3904 c. car.

P. 114. Il faut d'abord chercher le rayon :

4.

F 1. C 1. R $= 2,51328 : (2 \times 3,1416) = 0,40$;

F 16. $4 \times 3,1416 \times 0,\overline{40}^2 = 2$ m. car. 010624 millim. car.

P. 115. F 16. $4 \times 3,1416 \times (1,4:2)^2 = 6$ m. car. 157536 millim. car.

P. 116. F 2. C. Extr. la rac. car. de $97344 = 312$ m.

P. 117. F 2. C. Ext. la rac. car. de $26,8324 = 5$ m. 18 c.

P. 118. F 3. C 2 $44496 : 618 = 72$ m.

P. 119. F 3. C 1. $242676 : 324 = 749$ m.

P. 120. F 5. C 2. $(11648 \times 2) : 728 = 32$ m.

P. 121. F 5. C 1. $(19,11 \times 2) : 7,8 = 4$ m. 9 d.

P. 122. F 6. C 1. $(2 \times 137,36) : (7,49 + 8,67) = 17$ m.

P. 123. F 8. C. Ext. la rac. car. de $(201,0624 : 3,1416) = 8$ m.

P. 124. F 8. C. Ext. la rac. car. de $(907,9224 : 3,1416) = 17$; F 1. $2 \times 3,1416 \times 17 = 106$ m. 8144.

P. 125. F 12. C 2. $(336 \times 2) : [(8+7) \times 2] = 22$ m. 40 c.

P. 126. F 11. C 1. $72 : 9 = 8$ m.

P. 127. F 11. C. $197,8830 : 7 = 28$ m. 269 millim.

P. 128. F 16. C. Ext. la rac. car. de $[4071,5136 : (4 \times 3,1416)] = 18$ m.

P. 129. F 16. C. Ext. la rac. car. de $[452,3904 : (4 \times 3,1416)] = 6$; F 1. $2 \times 3,1416 \times 6 = 37$ m. 6992.

P. 130. F 14. C 2. $70,6860 : (3,1416 \times 9) = 2,5$; diam. $= 2,5 \times 2 = 5$ m.

P. 131. 1re réponse ; $(148 \times 92) : 4 = 34$ ares 04 c. ; 2e rép. $92 : 4 = 23$ m.

P. 132. F 5. C. 1. $(2 \times 1342) : 56 = 47$ m. 93 de base ; $47,93 : 3 = 15$ m 97 c.

P. 133. F 6. $(112 + 98) : 2 \times 73 = 7665$; F 2. C. Ext. la rac. car. de $7665 = 87$ m. 55 c.

P. 134. F 3. C 1. $6557 : 79 = 83$ m.

P. 135. F 12. C 2. $(112 \times 2) : 32 = 7$ m.

P. 136. F 3. C 2. $2025 : 45 = 45$ m.

P. 137. F 9. C. Ext. la rac. car. de $(54 : 6) = 3$ m.

P. 138. $942,48 : 15 = 62$ m. 8320 ; F 11. C 2. $62,8320 : (2 \times 3,1416 \times 4) = R$ et $2 R. = 5$ m.

P. 139. F 11. C 2. $47,124 : (2 \times 3,1416 \times 5) = R$ et $2 R = 3$ m.

P. 140. F 3. C 2. $60 : 6 = 10$ pour la longueur moyenne ; la moitié de la diff. $= 2$; $10 + 2 = 12$ pour le plus long côté, et $18 - 2 = 8$ pour le plus petit.

P. 141. F 3. $39 \times 16,50 =$ pour la surface totale 643 m. car. 50 d., de laquelle il faut retrancher la somme des 4 triangles suivants : F 5. $15 \times 5 : 2 = 37$ m. 50 ; $+ 24 \times 4,5 : 2 = 54$ m.; $+ 30 \times 12 : 2 = 180$ m.; $+ 11,5 \times 9 : 2 = 51$ m. 75 ; total 323 m. 25 ; il reste pour la surface du bois 320 m. car. 25 d. car.

P. 142. En allant de gauche à droite, au-dessus de la ligne directrice, on trouve les surfaces qui suivent :

5

		m. car.	d.	c.
1°	Triangle, $13 \times 3 : 2$	= 19	50	
2°	Trapèze $(13+12,5)\times 2,5 : 2$	= 31	87	50
3°	Trapèze $(12,5+9)\times 3 : 2$	= 32	25	
4°	Trapèze $(9+6,5)\times 4 : 2$	= 31		
5°	Trapèze $(6,5+9,8)\times 6 : 2$	= 48	90	
6°	Trapèze $(9,8+12)\times 6 : 2$	= 65	40	
7°	Trapèze $(12+10,5)\times 3,5 : 2$	= 39	37	50
8°	Trapèze $(10,5+5)\times 7 : 2$	= 54	25	
9°	Triangle $7 \times 5 : 2$	= 17	50	

Allant ensuite de droite à gauche
au-dessous de la ligne directrice :

		m. car.	d.	c.
10°	Triangle $4 \times 11 : 2$	= 22		
11°	Trapèze $(11+6,5)\times 15,4 : 2$	=134	75	
12°	Trapèze $(6,5+8)\times 17,6 : 2$	=127	60	
13°	Triangle $8 \times 6 : 2$	= 24		

Total...... $648^m\ 40^d$

		m. cub.	d. cub.	c. cub.
P. 143. 1°	6 décim. cub.	=0,	006	
2°	37 dixièm. de m. cub.	=3,	700	
3°	28 centim. cub.	=0,	000	028
4°	65 décim. cub.	=0,	065	

Total....... 3, 771 028

P. 144. Pour résoudre ce problème, il suffit d'avancer de trois rangs vers la droite la virgule de tous les nombres. Total 3771 d. 028 c. cub.

	m. cub.	d.			c. cub.
P. 145. 1°	0,	306	P. 146. 1°		3700000
2°	0,	028	2°		89000
3°	0,	350	3°		80
4°	75,	200	4°		7284000
5°	0,	007	5°		500000
Total...	75,	891	Total..		11573080

Remarque. — Il est bon ici de comparer entre elles toutes les mesures de volume : mètre cube, stère et litre. On doit faire remarquer qu'il faut trois chiffres pour exprimer chaque sous-multiple du m. cube, mais qu'il en faut un seul pour représenter chaque sous-multiple du stère et du litre.

```
                                      m. cub. d. cub.
P. 147. 1°  5 m. cub. 18 décim.  =   5,    018
        2°  28 st. 3 déc.        =  28     300
        3°  4 décast. 57 décist. =  45     700
        4°  8748 décim. cub.     =   8     748
        5°  36 dixièm. de m. cub =   3     600
        6°  3 stères 5 dixièm.   =   3     500
                                    ─────────────
             Total..........      94     866
```

P. 148. 1 m. cub. = 1000 lit. ; 37 m. cub. = 37000 lit.

P. 149. 875 décim. cub. = 875 l. = 87 décal. 5 lit.

P. 150. 3 m. cub. = 3000 lit. = 300 décal. = 150 doubl. décal.

P. 151. 35 décim. cub. d'eau = 35000 cent. cub. = 35000 gram.

P. 152. 8 décim. cub. = 8 lit. = 80 décil.

P. 153. 3742 décim. cub. = 3 m. cub. 742 d.

P. 154. 0 m. cub. 7 d'eau = 700000 cent. cub. = 700000 gram.

P. 155. 39 m. cub. = 39000 lit. = 390 hectol.

P. 156. 78 hectog. d'eau = 7800 gr. = 7800 cent. cub.

P. 157. 148 gr. d'eau = 148 c. cub.

P. 158. 378 doub. décal. = 756 décal. = 7560 litr. = 7560 kilog.

P. 159. 23 décim. cub. = 23 lit. = 230 décil. = 2300 centil.

P. 160. 125 lit. = 125 d. cub.

P. 161. 14 décil. = 1 lit. 4. = 1 décim. cub. 400 centim. cub.

P. 162. 0 m. 03 = 0 m. 030 décim. cub. = 30 lit. = 30 kilog.

P. 163. 28 dixièm. de décim. cub. d'eau = 2 décim. cub. 800 c. cub. = 2800 gr.

P. 164. F 17. $\overline{13,5}^3$ = 2460 m. cub. 375 d. cub.

P. 165. F 17. $\overline{9,5}^3$ = 857 m. cub. 375 d. cub.

P. 166. F 18. $21,4 \times 3 \times 9$ = 577 m. cub. 800 d. cub.

P. 167. F 18. $5 \times 1,80 \times 2$ = 18 m. cub.

P. 168. F 18. $3,25 \times 0,42 \times 0,35$ = 0 m. cub. 477750 c. cub.

P. 169. F 18. $45 \times 6,30 \times 0,45$ = 127 m. cub. 575 d. cub.

P. 170. F 19. $3,1416 \times (12 : 2)^2 \times 23$ = 2601 m. cub. 244800 c. cub.

P. 171. F 19. $3,1416 \times \overline{0,30}^2 \times 1,25$ = 0 m. cub. 353430 c. cub.

P. 172. Il faut d'abord chercher le rayon F 1. C 1. $15,708 : (2 \times 3,1416)$ = 2,5 ; F 19. $3,1416 \times 2,5^2 \times 0,4$ = 7 m. cub. 854 d.

P. 173. F 19. $3,1416 \times [9,4248 : (3,1416 \times 2)^2] \times 4$ = 28274 l. 40 c.

P. 174. F 19. $3,1416 \times (1,20 : 2)^2 \times 1,30$ = 1470 lit. 27 c.

P. 175. F 19. $3,1416 \times \overline{0,15}^2 \times 5 = 0$ m. 353430 vol. d'une pièce; $\times 6 \times 150$ f. le m. cub. $= 318$ f. 09.

P. 176. F 20. $1/3 \times (14 \times 12,12 : 2) \times 21,90 = 619$ m. cub. 332 d. cub.

P. 177. F 20. $1/3 \times (4 \times 6 \times 3,46 : 2) \times 12 = 166$ m. cub. 080 d. cub.

P. 178. F 20. $1/3 \times (6 \times 5,19 : 2) \times 18 = 93$ m. cub. 420 d. cub.

P. 179. F 20. $1/3 \times (1,3 \times 5 \times 0,9 : 2) \times 2,25 = 2193$ d. cub.

P. 180. F 21. $1/3 \times 3,1416 \times (12 : 2)^2 \times 21 = 791$ m. cub. 683200 c. cub.

P. 181. F 21. $1/3 \times 9 \times 12 = 36$ m. cub.

P. 182. F 21. $1/3 \times 3,1416 \times 3^2 \times 8 = 75$ m. cub. 398400 c. cub.

P. 183. F 21. $1/3 \times 3,1416 \times (4 : 2)^2 \times 6 = 25$ m. cub. 132800 c. cub.

P. 184. F 21. $1/3 \times 3,1416 \times [15,708 : (3,1416 \times 2)]^2 \times 9 = 58$ m. cub. 905 d. cub.

P. 185. F 24. $1/3 \times 3,1416 \times 18 [(9^2 + 4^2) + (9 \times 4)] = 2506$ m. cub. 996800 c. cub.

P. 186. F 22. $4/3 \times 3,1416 \times 0,30^3 = 0$ m. cub. 113097600 millim. cub.

P. 187. F 22. $4/3 \times 3,1416 \times (3,76992 : 6,2832)^3 = 0$ m. cub. 904780800 millim. cub.

P. 188. F 22. $4/3 \times 3,1416 \times 0,06^3 = 0$ m. 000904780 millim. cub.

P. 189. F 22. $4/3 \times 3,1416 \times (18,8496 : 6,2832)^3 = 113$ m. 097600 c. cub.

P. 190. F 23. $17 - 10 = 7$; $7 : 21 :: 10 : x = 30$ pour la hauteur inconnue; $30 + 21 = 51$ pour la hauteur totale.   F 20. $[(17^2 \times 51) \times 1/3$ $=4913$ m. cub. pour le v. entier$] - [(10^2 \times 30)$ $\times 1/3 = 1000$ m. cub. pour le v. enlevé$] =$ 3913 m. cub. pour le v. du tronc.

P. 191. F 23. $4,6 - 3 = 1,6$; $1,6 : 5 :: 3 : x$ $= 9,375$ pour la hauteur inconnue; $9,375 + 5$ $= 14,375$ pour la hauteur totale.

F 20. $[(\overline{4,6}^2 \times 14,375) \times 1/3 = 101$ m. cub. 391 d. p^r le v. entier$] - [(3^2 \times 9,375) \times 1/3 = 28$ m. cub. 125 d. pour le v. enlevé$] = 73$ m. cub. 226 d. pour le v. du tronc.

P. 192. F 23. $4 - 2,2 = 1,8$; $1,8 : 5,4 :: 2,2 : x$ $= 6,6$ pour la hauteur inconnue; $5,4 + 6,6 =$ 12 pour la hauteur totale.   F. 20. $[(4 \times 3,5$ $\times 12) \times 1/3 = 56$ m. cub. pour le v. entier$] -$ $[(2,20 \times 1,925 \times 6,6) \times 1/3 = 9$ m. cub. 317 d. pour le v. enlevé$] = 46$ m. cub. 683 d. pour le v. du tronc.

P. 193. F 24. $1/3 \times 3,1416 \times 7 \times [(3^2 + 2^2)$ $+ (3 \times 2)] = 139$ m. cub. 277600 c. cub.

P. 194. F 24. $1/3 \times 3,1416 \times 15 \times [(4^2 + 3^2)$ $+ (4 \times 3)] = 581$ m. cub. 196 d. cub.

P. 195. F 1. C 1. Le rayon de la base de la partie enlevée $= 0,62832 : (2 \times 3,1416) = 0,1$; F 24. $1/3 \times 3,1416 \times 0,30 \times [(0,20^2 + 0,1^2) +$ $(0,20 \times 0,1)] = 21991200$ millim cub.

P. 196. Il faut multiplier la longueur du fossé par la surface de l'un des bouts : $(2 + 3)$ $\times 2,50 : 2 = 6,25$; $V = 6,25 \times 7 = 43$ m. cub. 750 d. cub.

P. 197. F 19. $3,1416 \times 0,1^2 \times 0,15 = 4712400$ millim. cub.

P. 198. F 17. C. Ext. la rac. cub. de 35937 $= 33$ m.

P. 199. F 17. C. Ext. la rac. cub. de 314,432 $= 6$ m. 80 c.

P. 200. F 18. C 1. $141 : (6 \times 8) = 3$ m.

P. 201. F 19. C 1. Ext. la rac. car. de $[150,7968 : (3,1416 \times 3)] = 4$ m.; et 2 R ou D $= 8$ m.

P. 202. F 21. C 2. Ext. la rac. car. de $[(3 \times 339,2928) : (3,1416 \times 9)] = 6$ m. de rayon; F 1. $2 \times 3,1416 \times 6 = 37$ m. 6992.

P. 203. F 22. C. Ext. la rac. cub. de $[(3 \times 904,7808) : (4 \times 3,1416)] = 6$ m.

P. 204. F 22. C. Ext. la rac. cub. de $[(3 \times 11494,0672) : (4 \times 3,1416)] = 14$ m. de rayon; $\times 2 = 28$ m.

P. 205. F 18. C. $96 : (8 \times 4) = 3$ m.

P. 206. Le poids de l'eau étant de 30787 g. 68; le V $= 30787$ cent. cub. 680 millim. cub.; F 19. C 2. $0,03078768 : (3,1416 \times 0,07^2) = 2$ m.

P. 207. F 21. C 2. Ext. la rac. car. de $[(3 \times 0,01539384) : (3,1416 \times 3)] = 0,07$ et 2 R. $= 0$ m. 14.

P. 208. F 6. $(175 + 900) \times 720 : 2 = 38$ H 70 ares.

P. 209. F 3. $(7,5 \times 3,4 \times 2) + (5,2 \times 3,4 \times 2) = 86$ m. car. 36 d. car.

P. 210. F 3. $7,5 \times 5,2 = 39$ m. car.

P. 211. $39 : 0,15^2 = 1733$ pavés.

P. 212. F 14. $(3,1416 \times 0,36 \times 2) + $ F 8. $(3,1416 \times 0,36^2) = 2$ m. car. 66910336.

P. 213. F 3. $(2,8 \times 3) + $ F 8. $[(3,1416 \times \overline{1,4}^2) : 2] = 11$ m. car. 478768 millim. car.

P. 214. F 12. $(4 \times 7 \times 9) : 2 = 126$ m.

P. 215. F 11. $2 \times 3,1416 \times (1,8 : 2) \times 12 = 67$ m. 85856 ; $\times 16$ fr. $= 1085$ fr. 74 c.

P. 216. F 14. $3,1416 \times 0,30 \times 1,20 = 1$ m. car. 130976 millim. car.

P. 217. F 12. $(1,20 \times 6 \times 8) : 2 = 28$ m. car. 80 d. car.

P. 218. F 11. $2 \times 3,1416 \times 4 \times 4 = 100$ m. 5312 ; $\times 14 = 1407$ fr. 44 c.

P. 219. F 16. $4 \times 3,1416 \times \overline{0,02}^2 = 5026560$ millim. car.

P. 220. F 10. $[(1,60 \times 2) + (2,3 \times 2) \times 4,25]$ $+ $ F 3 $(1,6 \times 2,3 \times 2) = 40$ m. car. 51 d.

221. F 15. $3,1416 \times 0,75 \times (0,4 + 0,6) = 2,3562$; $+ $ F 8. $3,1416 \times 0,4^2 = 0,502656$; $\times$ 9 fr. $= 25$ fr. 73 c.

P. 222. F 2. $\overline{170,05}^2 = 289$ ares 17 ; $\times 18$ fr. 25 $= 5277$ fr. 35 c.

P. 223. F 12. $7,3 \times 5 \times 9,7 : 2 = 177$ m. car. 0250 c. car.

P. 224. Diviser la longueur totale des murs $34,8 \times 4$ par la largeur d'une planche $0,25 = 556$ planches 80 centièmes.

P. 225. F 11. $4,7124 \times 4 = 18,8496$; $+ $ F 1. C 1. $4,7124 : (3,1416 \times 2) = $ R $0,75$; F 8. $3,1416 \times 0,75^2 \times 2 = 3$ m. 5343 ; $18,8496 + 3,5343 = 22$ m. car. 3839 c. car.

P. 226. F 10. $3,95 \times 3 \times 12 = 142$ m. 20 d. car.

P. 227. F 15. $3{,}1416 \times 7 \times (0{,}9 + 0{,}7) = 35{,}18592$; il faut y joindre les cercles, F 8. $3{,}1416 \times (\overline{0{,}9}^2 + \overline{0{,}7}^2) = 4{,}08408$; total 39 m. car. 27 d. car.

P. 228. F 13. $[(3{,}4 \times 6) + (2{,}6 \times 6)] \times 5 : 2 = 90$ m. car.

P. 229. F 16. $2 \times 3{,}1416 \times \overline{4{,}2}^2 = 110$ m. car. 835648 millim. car.

P. 230. La différence entre les deux poids $=$ le poids de l'eau, et par suite son volume; $3{,}45 - 0{,}87 = 2$ k. 58 $= 2$ décim cub. 580 c. cub.

P. 231. F 18. $8 \times 4{,}25 \times 1{,}20 = 40$ m. cub. 800 d. cub.

P. 232. Si l'objet a perdu 2 k. 40 de son poids, il déplace 2 décim. cub. 400; or, F 25 $2{,}4 \times 7{,}5 = 18$ kil.

P. 233. F 19. $34 \times 9 = 306$ m. cub..

P. 234. F 19. $3{.}1416 \times \overline{1{,}5}^2 \times 4{,}20 = 29$ m. cub. 688120 c. cub.

P. 235. F 6. $(274 + 290) \times 158 : 2 = 4$ h. 45 a. 56 c.; $\times 18 = 80$ m. 2008, qu'il faut diviser par le V d'un tombereau; $80{,}2008 : (2 \times 0{,}95 \times 0{,}8) = 52$ tombereaux 76 c.

P. 236. F 21. $1/3 \times 3{,}1416 \times 9^2 \times 43 = 3647$ m. cub. 397600 c. cub.

P. 237 F 22. $4/3 \times 3{,}1416 \times 0{,}06^3 = 0$ m. cub. 0 0904780800 dix-millim. cub.

P. 238. F 18. $(0{,}15 \times 0{,}20 \times 4{,}25 \times 12 = 5$ m. 355$) + (6{,}4 \times 0{,}3 \times 0{,}4 \times 9 = 6$ m. 912$) = 12$ m. cub. 267 d. cub.

P. 239. Ce corps déplacé dans l'eau 18 —

15,6 $=$ 2 kilog. 4 ou 2 décim. 400 ; F 25. C 2.
18 : 2,4 $=$ 7,5.

P. 240. F 19. $3,1416 \times \overline{0,4}^2 \times 1,20 =$ 0 m.
cub. 603187200 millim. cub.

P. 241. F 22. $4/3 \times 3,1416 \times \overline{0,8}^3 =$ 2 m. cub.
144665600 millim. cub.

P. 242. F 18. $4,25 \times 3 \times 4,6 =$ 586 hect.
50 lit.

P. 243. F 18. $13,6 \times 2,5 \times 0,45 =$ 15 m. 3;
$\times$ 12 fr. $=$ 183 fr. 60 c.

P. 244. F 18. $0,5 \times 0,48 : 2 \times 7,25 =$ 0 m.
cub. 870 d.

P. 245. F 24. $1/3 \times 3,1416 \times 0,50 \times [(\overline{0,4}^2$
$+ \overline{0,3}^2) + (0,4 \times 0,3)] =$ 193 l. 73 c.

P. 246. F 18. $2,5 \times 1,4 \times 1,1 =$ 38 h. 50 l.

P. 247. F 20. $1/3 \times 179 \times 14 =$ 835 m. cub.
333 d. cub.

P. 248. F 24. $1/3 \times 3,1416 \times 7 \times [(\overline{0,2}^2 +$
$\overline{0,1}^2) + (0,2 \times 0,1)] =$ 513 d. cub. 128 c. cub.

P. 249. F 19. $3,1416 \times \overline{0,25}^2 \times$ 0,60 $=$
117 lit. 81 c.

P. 250. F 23. $5 - 4 = 1 ; 1 : 2,7 :: 4 : x =$
18, m. 8 pour la hauteur inconnue ; $10,8 + 2,7$
$= 13$ m. 5 pour la hauteur totale ; F 20 $[(5^2 \times$
$13,5) \times 1/3 = 112$ m. 5 pour le V entier $] -$
$[(4^2 \times 10,8) \times 1/3 = 57$ m. 6 pour le vol. en-
levé $] = 54$ m. cub. 900 d. cub. pour le V du
tronc.

P. 251. Il suffit de diviser le vol. de l'un par
le vol. de l'autre : F 1. Cl. $3,1416 : (2 \times 3,1416)$

$= R.\ 0,05$; F 19. $3,1416 \times \overline{0,5}^{2} \times 0,7 =$ $0,549780$; F 19. $3,1416 \times \overline{0,05}^{2} \times 0,2 =$ $0,0015708$; $0,549780 : 0,0015708 = 350$ fois.

P. 252. F 18. $(6 \times 6 \times 5,19) : 2 \times 5,8 =$ 541 m. 856 d. cub.

P. 253. F 3. $(7 \times 3 \times 2) + (4,5 \times 3 \times 2)$ $= 69$ m. car.

P. 254. F 3. $7 \times 4,5 = 31$ m. car 50 d. car.

P. 255. Pour la surface du champ F 6 et F 5. $[(82 + 110) \times 64 : 2] + (82 \times 38) : 2 = 0$ h. 77 a. 02 c.; 8 doubles décal. 15 l. $= 175\ l$. ; $0,7702 \times 175\ l. = 134\ l.\ 785.$

P. 256. Il faut diviser le contour de la propriété par deux fois la largeur d'une planche. $(145 + 115 + 145 + 115) : (2 \times 0,35) = 742$ planches 6/7.

P. 257. Surf. des murs $(7,5 \times 3,4 \times 2) +$ $(5,25 \times 3,4 \times 2) = 86$ m. 70, à quoi il faut ajouter la surface du plafond, $7,5 \times 5,25 =$ 39 m. 375; ensemble 126 m. 075 ; à déduire pour les fenêtres, $(1,1 \times 1,3 \times 2) + (1,4 \times 1,2 \times 4) = 9$ m. 58 ; $126,075 - 9,58 = 116$ m. 495, à raison de 2 fr. 25 $= 262$ fr. 11.

P. 258. F 9. $6 \times \overline{0,28}^{2} = 0$ m. car. 4704 c.

P. 259. Il faut diviser la surface des murs de l'appartement, déduction faite des ouvertures, par les 9 dixièmes de la surf. rouleau :

$[(6 + 4,35) \times 2 \times 5 = 62$ m. 10$] - [(1,3 \times 1,9 \times 4) + (2,8 \times 1,4) = 13$ m. 80$] = 48$ m. 30; les 9/10 d'un rouleau $= 8 \times 0,5 \times 0,9 = 3,6$; $48,30 : 3,6 = 13$ rouleaux 5/12.

P. 260. F 19. $3,1416 \times 0,15^2 \times 3 = 0$ m. 212058 c. cub. d'eau $= 212058$ gr.

P. 261. En 12 minutes le cheval a parcouru 4523 m. 904, en 1 minute il parcourra $4523,904 : 12 = 376$ m. 992; la circonf. du manége $= 376$ m. 992 : $10 = 37$ m. 6992; d'où F 1. C 1. $37,6992 : (2 \times 3,1416) = 6$ m.

P. 262. Il faut diviser la surface du toit par le pureau d'une tuile, c'est-à-dire par la partie qu'elle laisse à découvert : $(6,3 \times 4,2 \times 2) : (0,13 \times 0,07) = 5815$ tuiles.

P. 263. Surf. du clocher. F 14. $= 3,1416 \times 3 \times 12 = 113$ m. car. 0976, à raison de 0 fr. 50 pour l'ouvrier $= 56$ fr. 54; le pureau d'une ardoise $= 0,09 \times 0,22 = 0$ m. car. 0198, ; il faut diviser la surface du clocher par le pureau d'une ardoise : $113,0976 : 0,0198 = 5712$ ardoises, à raison de 55 fr. le mille $= 314$ fr. 16; $314,16 + 56, 54 = 370$ fr. 70.

P. 264. F 5. C 1. $(2 \times 20306) : 286 = 142$ m.

P. 265. F 19. $3,1416 \times 3^2 \times 5 = 1413$ hect. 72 l.

P. 266. F 2. C. Ext. la rac, car. de $5184 = 72$ m. de chaque côté intérieurement; il faut ajouter l'épaisseur du mur, puisqu'il est mesuré extérieurement, ce qui donne 72 m. 80 $\times 4 \times 2,30 = 669$ m. car. 76; 669 m. 76 $\times$ 3 fr. $40 = 2277$ fr. 184.

P. 267. F 2. C. Ext. la rac. car. de $53,29 = 7,30$; $7,30 \times 4 \times 2,4 \times 0,7 = 49$ fr. 056.

P. 268. F 8. C. Ext. la rac. car. de $(28,2744 : 3,1416) = 3$; F 14. C 1. $141,3720 : (3,1416 \times 3) = $ **15 m.**

P. 269. F. 3. C 1. 190 104 : 860 = 221 m. 40.

P. 270. Il suffit de diviser chaque surface par 2 et par la hauteur : 96 : (2 × 6) = 8 et 72 : (2 × 6) = 6 m.

P. 271. La salle étant carrée, a pour côtés la racine carrée de 81 m. = 9 m.; 9 × 4 × 3,5 ×0,9 = 113 fr. 40 ; pour le plafond 9 × 9×1,1 = 89 fr. 10 ; 113,40 + 89,10 = 202 fr. 50 c.

P. 272. F 24. 1/3 × 3,1416 × 9 × [(0,25² + 0,1²) + (0,25 × 0,1)] = 0 m. cub. 918918 c.

P. 273.

1 centil. =	0 d.	010 c. cub.	
2 » =	0	020	»
5 » =	0	050	»
1 décil. =	0	100	»
2 » =	0	200	»
5 » =	0	500	»
1 litre =	1	»	»
2 » =	2	»	»
5 » =	5	»	»
1 décal. =	10	»	»
2 » =	20	»	»
5 » =	50	»	»
1 hectol. =	100	»	»

P. 274.

1 centig. =	0 c.	010 millim. cub.	
2 » =	0	020	»
5 » =	0	050	»
1 décig. =	0	100	»
2 » =	0	200	»
5 » =	0	500	»
1 gram. =	0 d.	001 cent. cub.	
2 » =	0	002	»

$$
\begin{aligned}
5 \text{ gram.} &= 0 \text{ d. } 005 \text{ cent. cub.}\\
1 \text{ décag.} &= 0 \quad 010 \quad \text{»}\\
2 \quad \text{»} &= 0 \quad 020 \quad \text{»}\\
5 \quad \text{»} &= 0 \quad 050 \quad \text{»}\\
1 \text{ hectog.} &= 0 \quad 100 \quad \text{»}\\
2 \quad \text{»} &= 0 \quad 200 \quad \text{»}\\
5 \quad \text{»} &= 0 \quad 500 \quad \text{»}\\
1 \text{ kilog.} &= 1 \text{ décim. cub.}\\
2 \quad \text{»} &= 2 \quad \text{»}\\
5 \quad \text{»} &= 5 \quad \text{»}
\end{aligned}
$$

P. 275. $(4,2 + 3,2) \times 2 \times 0,9 \times 3,1 = 45$ fr. 29.

P. 276. Chaque part se trouvera en divisant la surf. totale proportionnellement aux contenances que chaque copartageant devrait avoir : ainsi on dira : le total des contenances est à la surface à partager comme chaque contenance est à la surface que chaque copartageant aura : 1 h. 92 a. $+$ 2 h. 03 a. $+$ 0 h. 75 a. $=$ 4 h. 70 a. ;

$$
\begin{array}{l}
\quad\quad\quad\quad\quad\quad\quad\quad \text{h. a. c.}\\
\text{h. a.}\quad\text{h. a. c.}\quad \left\{\begin{array}{l} 1,92 : x = 1\ 71\ 65 \text{ p}^\text{r} \text{ le } 1^\text{er}.\\ 2,03 : x = 1\ 81\ 49 \text{ p}^\text{r} \text{ le } 2^\text{e}.\\ 0,75 : x = 0\ 67\ 05 \text{ p}^\text{r} \text{ le } 3^\text{e}. \end{array}\right.
\end{array}
$$

4 70 : 4 20 20 : :

Chaque part ayant pour longueur 382 m. aura pour largeur :

La première, $17165 : 382 = 44$ m. 93 c. ; la deuxième, $18149 : 382 = 47$ m. 51 c. ; la troisième, $6705 : 382 = 17$ m. 55.

P. 277. F 2. C. Ext. la rac. car. de $625 = 25$; et $25 \times 4 = 100$ m.

P. 278. F 25. C 2. $12,5664 : (3,1416 \times \overline{0,2}^2 \times 0,02) = 5$.

P. 279. F 3. C 1. 194688 : 312 = 624 m.

P. 280. F 6. C 1. (2 × 512) : (38 + 36) = 13 m. 83.

P. 281. F 8. C. Ext. la rac. car. de (50,2656 : 3,1416) = 4 m.

P. 282. F 1. (2 × 3,1416) × la rac. car. de (254,4696 : 3,1416) = 56 m. 5488.

P. 283. F 22. C 1. Ext. la rac. cub. de [(3× 113,0976) : (4 × 3,1416)] = 3 m.

P. 284. F 3. C 1. 20,7 : 6 = 3 m. 45.

P. 285. F 5. C 1. (2 × 29,60) : 6,4=9 m 25.

P. 286. F 14. C 1. 56,5488 : (3,1416 × 2) = 9 m.

P. 287. F 16. C 1. Ext. la rac. car. de 113,0976 : (4×3,1416) = 3 ; et 2 R = 6 m.

P. 288. F 19. C 2. 22,662 : (3,1416 × 1,2²) = 5 m.

P. 289. Il faut chercher la hauteur inconnue par cette proportion : 4 — 3 : 5 :: 3 : x = 15 m. Il reste à trouver le V. d'un cône ayant 15 m. de haut et 1 m. 50 de rayon ; on a : F 21. 1/3 × 3,1416 × 1,5² × 15 = 35 m. cub. 343 d. cub.

P. 290. F 19. Le cylindre mesuré extérieurement = 3,1416 × 1,4² × 4,4 = 27 m. cub. 093 d. cub. ; mesuré intérieurement, il égale 3,1416 × 1² × 4 = 12 m. cub 566 d. cub., et la différence = 14 m. cub. 527 d. cub. ; 14,527 × 15 fr. = 217 fr. 905.

P. 291. F 6. C 2. (2 × 6480) : 60 = 216 ; (216 — 52) : 2 = 82 pour le plus petit côté, l'autre sera 82 + 52 = 134. On aura les dis-

tances sur chaque parallèle par ces propor-
tions :

$$6480 : 82 :: 2030 : x = 25 \text{ m. } 68.$$
$$6480 : 134 :: 2030 : x = 41 \text{ m. } 97.$$

P. 292. F 22. C. Ext. la rac. cub. de $[(3 \times 65,450) : (4 \times 3,1416)] = 2,5$ p^r R ; et circonf. $= 2 \times 3,1416 \times 2,5 = 15$ m. 708.

P. 293. F 24. C. $(3 \times 193,732) : 3,1416 \times [(4^2 + 3^2) + (4 \times 3)] = 5$ m.

P. 294. Le poids de 748 pièces de 5 fr. $= 748 \times 5 \times 5 = 18700$ gr. $= 18700$ c. cub. F 19. C 2. $0,187 : (3,1416 \times 0,07^2) = 1$ m. 214...

$$\text{m. c.}$$
P. 295. 1° Fouille $22 \times 0,7 \times 1 = 15,40$
id. $3,6 \times 0,5 \times 0,7 = \underline{1,26}$

$$\text{m.}\text{fr. c.}\text{fr. c.}$$
lesquels $16,66$ à $0,75 = 12,50$
2° 16 m. 66 de maçonnerie à 9^f » $= 149,94$
3° Socle $22 \times 0,38 \times 0,8 = 6$ m. 688
à déd^{re} $3 \times 1,20 \times 0,38 \times 0,8 = \underline{1094}$

Il reste 5 m. 594 à 29^f» $= 162,23$
4° Façade $6 \times 0,34 \times 6$ 12 m. 240
à déd^{re} $6 \times 1,20 \times 1,4 \times 0,34 = \underline{3427}$

Il reste 8 m. 813 à 28^f» $= 246,76$
5° $15,32 \times 6 = 91$ m. 92 à 2^{f}75 $= 252,78$
6° $4,32 \times 3,20 = 1382$
à déd^{re} $2,4 \times 1,20 = \underline{288}$

Il reste 10 m. 94 à 4^{f}25 $= 46,50$

Total $\underline{870^f71}$

P. 296. F 24. $1/3 \times 3{,}1416 \times 0{,}09 \times [{,}003^2 + 0{,}015^2 + (0{,}03 \times 0{,}015)] = 0{,}0001484406$; ce V $=$ celui de la sphère ; on en tire le rayon F 22. C. en extrayant la rac. cub. de $[(3 \times 0{,}0001484406) : (4 \times 3{,}1416)] = 0$ m. 032...

P. 297. F 25. C 1. $V = P : D = 9 : 1{,}6 = 0{,}005625$; il s'agit maintenant de savoir quelle hauteur il faudra donner à un cône de 0 m. 09 de rayon pour qu'il contienne 0 m. cub. 005625. F 21. C 1, $(3 \times 0{,}005625) : (3{,}1416 \times 0{,}09^2) = 0$ m. 663...

P. 298. Il faut d'abord chercher le V du prisme : F 18. $0{,}0045 \times 6 \times 0{,}00389 \times (0{,}0045 \times 6) = 0$ d. cube 0001417905 ; ce vol. $\times 2{,}7 = 3$ gr. 828 millig...

P. 299. F 19. Le lingot $= 3{,}1416 \times 0{,}08^2 \times 0{,}2 = 402$ d. cub. 1248 ; ce V $\times 11{,}494 = 46$ kilog. 220 gr. ; divisant ce poids par celui de l'argent pur que contient une pièce de 5 fr., c'est-à-dire par les 9/10 de 25 grammes ou 22 gr. 5, on obtient 2054 pièces.

P. 300. F 23. C. $(3 \times 28) : [(4 \times 3) + (2 \times 1{,}5) + (\text{la rac. car. de } 12 \times 3)] = 4$ m.

SOLUTIONS

———

P. 1. 180 : 3 = 60°.

P. 2. 180 — 90 = 90°

P. 3. 180 — (37 + 28) = 115°, le triangle s'appellera donc obtusangle.

P. 4. Le trapèze peut se diviser en deux triangles. Puisque les trois angles d'un triangle valent 180°, on a : $180 \times 2 = 360°$.

P. 5. L'angle droit a 90°, il reste donc 180 — 90 = 90° pour les deux autres angles ; comme ils sont égaux, on a 90 : 2 = 45° chacun.

P. 6. 180° — (72° 20' + 56° 58') = 50° 42'.

P. 7. F 26. Ext. la rac. car. de $(15^2 + 11^2) =$ 18 m. 60 c.

P. 8. Ext. la rac. car. de $(3^2 + 4^2) = 5$ m.

P. 9. F 26. C 1. Ext. la rac. car. de $(10^2 - 6^2) = 8$ m.

P. 10. F 26. C 2. Ext. la rac. car. de $(15^2 - 7,5^2) = 12$ m. 99.

P. 11. Partageant la base en 2, on a 3 ; donc F 26. C 2. Ext. la rac. car. de $(6^2 - 3^2) = 5$ m. 196 millim.

P. 12. La hauteur = la rac. car. de $(16^2 - 14,5^2) = 6$ m. 76 c.

P. 13. On a vu au problème 7 que l'hypot. de ce triangle $= 18$ m. 60; on a donc en appliquant la formule 27; $[18,6 - [(15+11)(15-11) : 18,6]] : 2 = 6$ m.

P. 14. F 27. $[18 - [(13+15)(15-13) : 18)]] : 2 = 7$ m. 444 millim., pour la partie de la base adjacente au plus petit côté du triangle.

P. 15. $[(17+10)(17-10)] : 21 = 9$; $(21-9) : 2 = 6$ pour la partie adjacente au petit côté; maintenant le triangle peut aisément se décomposer en deux triangles rectangles, dont l'un a pour hypoténuse 10 m., pour un côté de l'angle droit 6 m., et pour l'autre côté de cet angle droit la hauteur du triangle que l'on cherche. Pour trouver cette hauteur, on extrait la racine carrée de $(10^2 - 6^2) = 8$ m.

P. 16. Cette diagonale est l'hyp. d'un triangle rectangle : F 26. Ext. la rac. car. de $(18^2 + 18^2) = 25$ m. 455 millim.

P. 17. Ext. rac. car. de $(26^2 + 12^2) = 28$ m. 635 millim.

P. 18. Ext. rac. car. de $(7^2 + 7^2) = 9$ m. 899 millim.

P. 19. $47,124 : 3,1416 = 15$ m. p^r le diam. qui est la diagonale du carré. Ext. la rac. car. de $(7,5^2 + 7,5^2) = 10$ m. 606 millim.

P. 20. F 6. C 2. $(2 \times 58,5) : 9 = 13$. Si 3 est la différence, on a p^r le plus petit côté parallèle $(13-3) : 2 = 5$; et p^r l'autre $5 + 3 = 8$ m.

P. 21. Le côté du carré = la rac. car. de 324=18. Il n'y a plus qu'à chercher l'hypot. d'un triangle rectangle ayant 18 m. p^r chaque côté de l'angle droit. $h =$ la rac. car. de $(2\times18^2)=$ 25 m. 45, dont la moitié, 12 m. 72, est le rayon cherché.

P. 22. Le rayon sera la moitié de la diagonale du carré et chaque côté sera l'hypot. d'un triangle rectangle dont les deux côtés de l'angle droit seront égaux à la moitié de la diagonale : R = la racine car. de (50,2656 : 3,1416) = 4 ; ext. la rac. car. de $(2\times4^2)=$ 5 m. 656 millim.

P. 23. (84+72) (84—72) : 108 = 17 m. 333; (108—17,333) : 2 = 45 m. 333.

P. 24. Les côtés parallèles de chaque trapèze sont 6 et 12 ; comme la hauteur tombe sur le milieu du rayon, il faut ext. la rac. car. de $(6^2—3^2)=$ 5 m. 196 millim.

P. 25. Ext. la rac. car. de $(13^2—[(30—18) : 2]^2)=$11 m. 532 millim.

P. 26. $h=(144\times2)$: 12=24 ; on a maintenant deux triangles rectangles qui ont chacun 24 m. et 6 m. p^r côtés de l'angle droit ; d'où l'hypot. = la rac. car. de $(24^2+6^2)=$ 24 m. 73 c.

P. 27. Le petit côté = la rac. car. de (23104 : 4)=76 ; l'autre=76 $\times$ 4=304 m.

P. 28. Le côté du carré = 8+la rac. car. de $(2\times8^2)=$19 m. 313 millim.

P. 29. Il faut commencer par chercher le côté comme ci-dessus et ensuite ajouter la différence ; $a = 16 +$ la rac. car. de $(2\times16^2) = 38,627$, d'où la diagonale $=38,627 + 16 = 54$ m. 627.

P. 30. On a : (E C—D B) : B C = B D : A B, d'où A B=(6,5×14) : (20,5—14)=14 m.

P. 31. On trouve : (A B—C D) : A D = S E : C E, ou (2,7—1,5) : 1,6 = x : 24,20, d'où x = [(2,7—1,5)×24,2] : 1,6 = 18 m. 15 c., hauteur à laquelle il faut ajouter C D ou 1,5 = 19 m. 65 c.

P. 32. L'angle inscrit a pour mesure la moitié de l'arc compris entre ses côtés ou 189° 0'8" : 2=94° 30' 4".

P. 33. 1° vaudra 48 : 360 et 46° vaudront (48×46) : 360 = 6 m. 133.

P. 34. Si 92 m. = 360ᶜ, 1 m. vaudra 360 : 92 et 17 m. vaudront (360 × 17) : 92=66° 31' 18".

P. 35. Si 95° = 12 m., 1° = 12 : 95, et 360° = (12 × 360) : 95 = 45 m. 473 millim.

P. 36. Si 75° 15' 30" = 15 m., 1° = 15 : 75° 15' 30" et 360°=(15×360) : 75° 15' 30"=71 m. 75 c. Maintenant F l. C l. 71,75 : 3,1416 = 22 m. 84 c.

P. 37. On retranche d'abord la flèche du diam., on a maintenant 24 : x : : x : 12, d'où x = la rac. car. de (24×12) = 16 m. 97 c., ou moitié de la corde ; donc la corde = 16,97×2 = 33 m. 94.

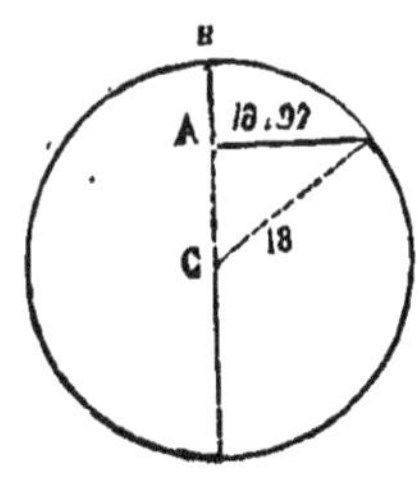

P. 38. Avec le rayon et la moitié de la corde, on a un triangle rectangle en A, d'où A C = la rac. car. de (18² — 16,97²) = 6 et par suite A B = B C — A C = 18 — 6 = 12 m.

P. 39. Diam.$= 3 + (6^2 : 3) = 15$ m., R$=7$ m. 50 c.

P. 40. Pour 6° 10' on trouve dans la table des cordes 0.1076 ; la différence tabulaire p^r 10'$=$ 0,0029, p^r 1' elle égale 0,0029 . 10, et p^r 5' elle égale $(0,0029 \times 5) : 10 = 0,00145$ qui, ajoutés à 0,1076, donnent 0,10905. Il ne reste plus qu'à diviser 12 par 0,10905 ; ce qui donne 110 m. 04 c.

P. 41. 12 : 10$=$1,2 ; dans la table on trouve 1,2013 ; il y a donc 0,0013 de trop ; il faut chercher à quel nombre de minutes correspond cette différence : Si 0,0023 différence tabulaire donne 10', 0,0001 donne 10 : 0,0023 et 0,0013 donneront $(10 \times 0,0013) : 0,0023 = 5'$ 39" qu'il faut retrancher de 73° 50' ; il reste 73° 44' 21". Faisant les mêmes opérations pour les autres cordes, on trouve 28° 57' 15" p^r une corde de 5 m. ; 44° 2' 58" p^r une corde de 7 m. 50, et enfin 18° 42' 8" p^r une corde de 3 m. 25 c.

P. 42. Autrement dit : quelle est la corde qui sous-tend un arc de 360 : 7 ou de 51° 25' 42" ? Pour 51° 20' la table donne 0,8663 ; la différence est de 0,0026 pour 10' ou 600", et de 0,0026 : 600 pour une seconde ; enfin de $(0,0026 \times 342") : 600" = 0,0014$ p^r 5' 42" ; ajoutant cette fraction à 0,8663, on a : 0,8677, et comme le cercle a 2 m. de rayon, on a 0,8677 $\times 2 = 1$ m. 7354.

P. 43. Autrement dit : Quel est le rayon du cercle dans lequel une corde de 10 m. sous-tend un arc de 360 : 10=36° ; or, pour 36° on trouve 0,618 de corde dans un cercle de 1 m. de rayon ; donc autant de fois le nombre 10 contiendra 0,618, autant le cercle aura de mètres de rayon : 10 : 0,618=16 m. 18.

P. 44. Ext. la rac. car. de 24(24—14) (24—16) (24—18)=107 m. 3312.

P. 45. a = la rac. car. de 36=6 ; le diam. = la rac. car. de $(2×6^2)$=8 m. 485, d'où R = 4 m. 242. Surf. du cercle = 3,1416×4,242²= 56,5317 ; surf. des quatre segments =56,5317 —36=20 m. car. 5317 c. car.

P. 46. Il faut chercher l'apothème en extrayant la rac. car. de $(9^2—4,5^2)$=7,794 ; surf. de l'hexagone=(9×6×7,794) : 2=210 m. car. 4380 c. car.

P. 47. Surf.=la rac. car. de 9×(9—7) (9—5) (9—6) = 14 m. car. 6960 c. car. Pour trouver la hauteur, voici les calculs : 7 : (5+6)=(6—5) : x, d'où x = 1,5714 ; (7—1,5714) : 2 = 2 m. 7143, point de la base où tombe la perpendiculaire ; H = la rac. car. de $(5^2 — 2,7143^2)$ = 4 m. 199. Autrement : (14,696 × 2) : 7 = 4 m. 199.

P. 48. La surf. du secteur = (arc × R) : 2. Pour connaître l'arc , il faut avoir la circonf. F 1. 2 × 3,1416 × 13 = 81 m. 6816 p^r 360° ; pour 1° elle sera 81,6816 : 360 et pour 115° on a : (81,6816 × 115) : 360 = 26 m. 084 ; maintenant, la surf. du secteur = (26,084 × 13) : 2 = 169 m. car. 5470 c. car.

P. 49. La surf. du segment = la surf. du

secteur moins la surf. du triangle isocèle ACB dans lequel il faut chercher la corde A B au moyen des tables. Opérant comme il est dit au 5° problème n° 20, 2e partie, on trouve que cette corde a 21 m. 928. La hauteur du triangle $=$ la rac. car. de $[13^2 - (21,928 : 2)^2] = 6$ m. 98; surf. du triangle $= (21,928 \times 6,98) : 2 = 76$ m. car. 5287 c. car. qu'il faut retrancher de la surf. du secteur trouvée au P. 48 ; 169,5470—76,5287$=$93 m. car. 0183 c. car.

P. 50. Surf. du secteur $=$ (arc $\times$ R) : 2 ; l'arc $= (2 \pi$ R $\times 60) : 360 = 6$ m. 2832 ; on a maintenant : S$=(6,2832 \times 6) : 2 = 18,8496$; le segment $= 18,8496$ — la surface du triangle ayant 6 m. de côté ; 18,8496—$[(6 \times 5,19) : 2] =$ 3 m. car. 2796 c. car.

P. 51. F 30. 3,1416 $[(1,4 \times 1,15) : 4] = 1$ m. 264494.

P. 52. F 30. De la formule on tire : $b =$ S : $\pi a = 1,264494 : (3,1416 \times 0,7) = 0$ m. 575.

P. 53. F 30. De la formule on tire : $a =$ S : πb $= 2,12058 : (3,1416 \times 0,75) = 0,9$, d'où le grand axe$=0,9 \times 2 = 1$ m. 80.

P. 54. F 31. $2 \times 3,1416 \times 14,5 \times 4 = 364$ m. car. 4256 cent. car.

P. 55. F 31. $2 \times 3,1416 \times 14,5 \times 3,5 = 318$ m. car. 8724 cent car.

P. 56. F 31. C 1. 37,6992 : $(2 \times 3,1416 \times 3) = 2$ m.

P. 57. F 31. $2 \times 3,1416 \times 4 \times 1,20 = 30$ m. car. 159360 millim. car.

P. 58. F 32. $3,1416 \times 0,45 \times 0,22 = 0$ m. car. 31101840.

P. 59. F 32. De la formule on tire : A = s :
π B = 5,057976 : (3,1416 × 1,15) = 1 m. 40.

P. 60. F 32. De la formule on tire : B = S :
π A = 8,8311792 : (3,1416×1,9) = 1 m. 48.

P. 61. Une perche car. de l'arpent de Paris
= (18×12×12)² = 6718464 lignes carrées ; un
m. car. = (3 P. 0 p. 11 l. 296)² = 196511 l.
343616 ; une perche carrée = 6718464 :
196511,343616 = 0 A 34 centiares 19 déc. car. ;
un arpent = 0 A 3419×100 = 34 A 19 c.

P. 62. L'arpent de Paris contient, suivant le
P. précédent, 3419 m. car. ; 1 hect = 10000 :
3419 = 2 arpents 92.

P. 63. 52 arp. 43 perches = 5243 perches ;
comme la perche = 34 m. 19, on a : 5243 ×
34,19 = 1792 ares 58 cent.

P. 64. L'acre contenait 4 vergées et la vergée 40 perches ; donc l'acre = 4 × 40 = 160
perches. Puisqu'une perche de ce pays contenait 18 P. 4 p., il faut réduire en lignes 18 P.
4 p., élever au carré, multiplier par 160 et diviser le dernier produit par le carré de 443
lignes 296, valeur du m. en lignes : 18 P.×12 p.
×12 l. = 2592 lignes ; 4 p × 12 l. = 48 lignes ;
2592+48 = 2640 ; 2640² = 6969600 lignes car.
dans la perche ; l'acre en contient 6969600 ×
160 = 1115136000 qui, divisés par le carré de
443,296 = 56 ares 7465. 1 vergée = 56 ares
7465 : 4 = 14 ares 18 cent. 66 d. car. ; 1 perche
= 14 ares 1866 : 40 = 0 are 35 centiares 17 déc.
car.

P. 65. Suivant le problème précédent, une

perche=35 m. car. 47 ; 1 hectare vaut en perches 10000 divisés par 35,47 = 281 perches 92/100.

P. 66. En se servant des rapports, p. 31, trouvés au P. 64, on a : $9 \times 56,7465 = 510$ ares 71 c.; $3 \times 14,1866 = 12$ ares 55 centiares ; $18 \times 0,3547 = 6$ ares 38 centiares, et le total $= 559$ ares 64.

P. 67. $7 \times 2,9249 = 20$ arp. 47 perches.

P. 68. $18 \times 81,7152 = 1470$ ares 87 ; $2 \times 20,4288 = 40$ ares 85 ; le total égale 1511 ares 72 centiares.

P. 69. F 33. $1/6 \times 3,1416 \times 0,35 \times [(3 \times 1,45^2) \cdot (3 \times 1,35^2) + 0,35^2] = 2$ m. cub. 1803335850 millim. cub.

P. 70. F 31. $1/6 \times 3,1416 \times 0,40 [(3 \times 1^2) + 0,4^2] = 0$ m. cub. 661830400 millim. cub.

P. 71. Le vol. du cylindre $=$ F 19. $3,1416 \times 1,6^2 \times 1,8 = 14,4764928$; le vol. du segment $=$ F 31. $1/6 \times 3,1416 \times 0,4 [(3 \times 1,6^2) + 0,4^2] = 1,6420096$; le total de ces deux vol. égale 161 hectol. 18 litres.

P. 72. Pour connaître le vol. du cylindre, il faut retrancher du vol. total celui du segment ; 150 h. $- [1/6 \times 3,1416 \times 0,3 \times [(3 \times 1,4^2) + 0,3^2)]] = 140$ hectol. 62 l. La question maintenant se réduit à celle-ci : Quelle hauteur faut-il donner à un cylindre de 2 m. 80 de diam. pour que son vol. $= 140$ h. 62 l. ? F 19. C 2. $140,62 : (3,1416 \times 1,4^2) = 2$ m. 28.

P. 73. F 31. $1/6 \times 3,1416 \times 2 \times [(3 \times 6^2) + 2^2] = 117$ m. cub. 286400 c. cub.

P. 74. F 35. $2/3 \times 3,1416 \times 6^2 \times 3 = 226$ m. cub. 195200 c. cub.

P. 75. F 36. $1/3 \times 3,1416 \times 0,9 \times 0,75^2 = 2$ m. cub. 120580 c. cub.

P. 76. F 37. $1/3 \times 3,1416 \times 0,9^2 \times 0,75 = 2$ m. cub. 511696 c. cub.

P. 77. Pour le 1er ellipsoïde, F 25. $2120,580 \times 3,5 = 7422$ kilog. 03.

Pour le 2e ellipsoïde, $2511,696 \times 2,916 = 7420$ kilog. 33 ; la différence $= 1$ kilog. 70 décag.

P. 78. F 38. $3,1416 \times 1,4 \times [\,(0,8 + 0,28) : 3\,]^2 = 570$ lit. 01 centil.

P. 79. F 38. $3,1416 \times 1,7 \,[\,(0,9+0,36) : 3\,]^2 = 9$ hectol. 42 l.

P. 80. De la formule 38 on tire $l = V : \pi\,[\,(2\,R + r) : 3\,]^2 = 0,25518 : 3,1416\,[\,(0,6 + 0,255) : 3\,]^2 = 1$ m.

P. 81. F 25. C 1° $5,424 : 13,56 = 0$ d. cub. 400, c'est aussi le vol. de l'entonnoir ; donc $0,400 = 1/3\ \pi\,R^2\,H$, d'où F 21. C 2. R $=$ la rac. car. de $[\,(3 \times 0,0004) : (3,1416 \times 0,08)\,] = 0,069$ et le diam. $= 0$ m. 138 millim.

P. 82. F 19. $3,1416 \times R^2 \times 2\,R = 6,2832 \times R^3$ d'où R $=$ la rac. cub. de $(0,001 : 6,2832) = 0$ m. 054.

P. 83. F 19. $3,1416 \times R^2 \times 4\,R = 3,1416 \times 4 \times R^3$, d'où R $=$ la rac. cub. de $[\,0,001 : (3,1416 \times 4)\,] = 0$ m. 043.

P. 84. Le vol. d'un tore égale celui d'un cylindre de 0 m. 02 de rayon et dont la hauteur égale l'hypoténuse d'un triangle rectangle ayant pour côtés de l'angle droit 8 m. et 4 fois la circonf. d'un cercle de 0,35 de rayon. V = F 19. 3,1416 × 0,02² × la rac. car de (8² + 8,8²) = 3,1416 × 0,0004 × 11,89 = 0,014941 ; et comme il y a deux torons, on a : 0,014941 × 2 = 0 m. cub. 029882 c. cub.

P. 85. Les vol. de ces deux cylindres sont dans le même rapport que le poids de la poudre qu'ils renferment : $\pi R^2 H : \pi r^2 H = 1696 : 635$, d'où $R^2 : r^2 = 1696 : 635$, d'où enfin $x = 0,126$ multipliés par la rac. car. de (635 : 1696) = 0 m. 0771.

P. 86. Le vol. du métal, F 12. [4/3 × 3,1416 × (0,012 + 0,02)³] — [4/3 × 3,1416 × 0,012³] = 0 d. cub. 687968... ; × 7,5 = 5 kilog. 159 ; le poids de la poudre = 4/3 × 3,1416 × 0,042³ × 2 = 0,620 ; 5 kilog. 159 + 0 kilog. 620 = 5 kilog. 779 g.

P. 87. F 1. C 1. Le rayon de la terre = 10000000 : (2 × 3,1416) = 6366183 m... F 16. La surf. = 4 × 3,1416 × 6366183² = 509294653058314 m. car. F 22. Le vol. = 4/3 × 3,1416 × 6366183³ = 1080751320763580073879 m. cub. Si l'expression myriam. cub. était admise, on pourrait dire que le vol. de la terre dépasse 1 billion de myriam. cub. F 25. Le poids = V D = 4863391443436110332459755 kilog. ou 48 billions de trillions de quintaux métriques .., sachant que le quintal métrique est de 100 kilog.

P. 88. Autant 14 kilog. d'air contiendront de fois le volume du piston multiplié par la densité de l'air, autant il y aura de coups de piston ; on aura donc : 14 : (3.1416 $\times$ 0,375² $\times$ 0,50 $\times$ 1298) = 48,8 en 60 secondes ; un coup de piston durera 48,8 fois moins = 60 : 48,8 = 1" 22/100.

P. 89. F 25 et 19. P = [(3,1416 $\times$ $\overline{0,15}$² $\times$ 4,10) — (3,416 $\times$ $\overline{0,13}$² $\times$ 4,10)] $\times$ 4 $\times$ 7,207 = 2079 k. 396, à raison de 0 fr. 22 = 457 fr. 47.

P. 90. 1° Le vol. de maçonnerie engendré par la calotte = 1/6 $\times$ 3,1416 $\times$ 0,6 $\times$ [3 $\times$ 1,2³) + 0,6²] à retrancher de 1/6 $\times$ 3,1416 (0,6 + 0,35) (3 $\times$ 1,55² + 0,95²) = 2 m. cub. 564 d. cub. ;

2° Le vol. du cylindre = (3,1416 $\times$ 1,55² $\times$ 2,4) — (3,1416 $\times$ 1,2² $\times$ 2,4) = 7 m. cub. 257 ;

3° Le fond = 3,1416 $\times$ 1,55² $\times$ 0,35 = **2** m. cub. 642. Total 12 m. cub. 463 d. cub. à raison de 32 fr. = 398 fr. **82** c.

P 91. Le vol. enveloppant = le vol. de la sphère entière—le vol. intérieur ; 4/3 $\times$ 3,1416 $\times$ (0,125 + 0,02)³ — 4/3 $\times$ 3,1416 $\times$ 0,125³ = 0,012770 — 0,0081812 = 4 déc. cub. 588 c. cub, dont la densité = 7,5 ; le poids = 1,588 $\times$ 7,5 = 34 k. 410 g. ; le poids du mercure = 8 d cub. 1812 $\times$ 13,56 = 110 k. 937 g. et le poids total 145 k. 353 g.

P. **92.** Le vol. de la barre = 1 $\times$ 0,012 = 0,0016 ; le vol. d'une balle sera alors 1000 fois plus petit ou 0,0000016. F 22 C **1.** R = la rac. cub. de [(3 $\times$ 0,0000016) : (4 $\times$ 3,1416)] = 0,' 072 rayon du moule ; une balle pèsera 0,0016 $\times$ 11,55 = 0 k. 018 gr.

P. 93 F 38. $3,1416 \times 1,8 \, [\,(1,3 + 0,4) : 3\,]^2$ $= 1,815\,117567$; la colonne liquide $=$ F 19. $3,1416 \times 0,025^2 \times 0,25 = 0,000\,190875$; autant de fois ce vol. sera contenu dans le 1er, autant il faudra de secondes pour que le tonneau soit rempli. On a donc $1,815.. : 0,00049... = 3698''$ ou 1 h. 1' 38''.

P. 94. $3,1416 \times 0,00125^2 \times 140000 \times 4 \times 7, 5 = 20616$ k. 750 gr.

P. 95. $R = 2\,V : S = (2 \times 21,987) : 43,974 = 1$ mètre.

P. 96. Il faut d'abord chercher le côté du prisme ou la corde qui sous-tend un arc de $360° : 10 = 36°$, dans un cercle de 8 m. de rayon ; la corde de 36° (voir les tables) $= 0,618$ dans un cercle de 1 m. de rayon ; dans un cercle de 8 m. de rayon, on a : $8 \times 0,618 = 4$ m. 911. Pour trouver la surf. de la base du prisme, il faut l'apothème qui, tombant perpendiculairement sur le milieu de la corde forme ainsi un triangle rectangle, dont le rayon du cercle est l'hypothénuse et la moitié de la corde le côté connu de l'angle droit ; Apothème $\times$ la rac. car. de $[8^2 - (4,911 : 2)^2] = 7,61$; maintenant le vol. $=$ la surf. de la base $\times$ H $= (4,911 \times 10 \times 7,61 \times 0,35) : 2 = 65$ m. cub. 841720 c. cub.

P. 97. Autant un des fils aura de millim. car. de section transversale, autant de fois il portera 20 k. F. 8. $3,1416 \times 0,0017^2 = 9$ millim. car. 079 qui, multipliés par 20, donnent 181 kil. 58. Puisqu'un fil porte 181 k. 58, autant

de fois ce nombre sera contenu dans 15000 kil.
autant il faudra de fils ; 15000 : 181,58 = 82 fils.

P. 98. F 39. 1/6 $\times$ 0,9 [(1 $\times$ 3) + 3 $\times$ 2,25)
+ (1+3) (3 + 2,25)] = 8 m. cub. 325 d. cub.

P. 99. Puisque le côté égale le diam., celui-ci sous-tend sur la sphère un arc de 360 :
3 = 120°. Au moyen de la table des cordes, un
arc de 120° est sous-tendu par une corde de
8 m. 66 dans un cercle de 5 m. de rayon. Si le
diam. = 8 m. 66, le côté = 8 m. 66 ; il reste à
chercher la hauteur du cône ; elle égale la rac.
car. de (8 m. 66² — 4,33²) = 7 m. 50. F 21. 1/3
$\times$ 3,1416 $\times$ 4 33²$\times$7,5 = 147 m. cub. 253860.
F 14. 3,1416 $\times$ 4,33 $\times$ 8,66 = 117 m. car.
80308848.

P. 100. F 8. C 1. Le rayon du bassin = la
rac. car. de (78,54 : 3,1416) = 5 m. F 1. 2 $\times$
3,1416 $\times$ 5 = 31 m. 416. F 11. C 1. la hauteur du bassin = 78,54 : 31,416 = 2 m. 50.
F 19. Le 1er robinet donne en 1" : 3,1416 $\times$
0,06² $\times$ 0,3 = 3 d. cub. 392928 ; le 2e, 3,1416
$\times$ 0,045² $\times$ 0,3 = 1 d. cub. 908522. En 1" ils
donnent donc ensemble 5 d. cub. 301450. F 19.
Le vol. du bassin = 3,1416 $\times$ 5² $\times$ 2,5 =
196 m. cub. 350, dont la moitié 98,175 :
0,005301450 donne le nombre de secondes nécessaires pour que l'eau parvienne à la moitié
de la hauteur du bassin = 18518" = 5 h. 8'38".
Maintenant, comme l'eau doit s'arrêter à 0 m. 10
du haut, le temps nécessaire pour qu'il soit
rempli jusque-là = (3.1416 $\times$ 5² $\times$ 2,4) :
0,005301450 = 35555" = 9 h. 52' 35".

ERRATA de la 1re Partie.

Page 6, 12e ligne. Au lieu de *suit*, lisez : *précède*.

Page 18, 13e ligne. Lisez : 1296 *mètres carrés*. Partout où l'on a fait des applications de la mesure des surfaces, et où le résultat est indiqué par la lettre m., lisez : *mètres carrés*.

Page 23, 9e ligne. Lisez : *si l'on remplace E B D par F A C*.

Page 28, 11e ligne. Au lieu de *trilatère*, lisez : *triangle*.

Page 31, P. 66. Lisez : *heptagone régulier*.

Page 33. S. signifie surface totale pour le cube et signifie surface latérale pour les autres volumes. Lisez à la première ligne du no 86 : *des faces latérales*.

Page 50. Note omise après le 1er paragraphe. Lorsqu'on élève une perpendiculaire sur une ligne, il faut toujours diriger d'abord deux des ouvertures de l'équerre dans le sens de A B et ensuite regarder par les ouvertures qui font angle droit avec les premières. Cette opération doit se répéter chaque fois qu'on change de place le pied de l'équerre.

Page 50, fig. 40. Au lieu de 45, lisez : 4,5.

Page 53. Problème d'application. Lisez : 3 *mètres cubes* 375 *d. cubes*. Partout où l'on a fait des applications de la mesure des volumes et où le résultat est indiqué par la lettre m, lisez : *mètres cubes*.

Page 54, 13e ligne. Lisez : *le centilitre 0 l. 01*.

Page 55, 3e ligne. Lisez : *un décim. cube d'eau ou un litre d'eau*.

Page 63, no 110, 11e ligne. Lisez : *base supérieure*.

Id.   13e ligne. Au lieu de *ci-dessus*, lisez : *inférieure*.

Page 64. Le premier crochet de la parenthèse qui se trouve avant $\sqrt{\ }$ dans les formules doit être avant le premier B ; car il faut que la somme des trois bases soit multipliée par H.

Page 67, no 115, 3e ligne. Au lieu de *côtés*, lisez : *faces*.

Page 68. 4e ligne. Lisez : *vase cylindrique*.

Page 73, avant-dernière ligne. Placez 3 avant V pour la 2e conséquence de la formule.

Page 85, P. 291. Au lieu de 54 *ares* 80, lisez : 61 *ares* 80.

Page 90. Pour la 2e conséquence de la formule 25, placez le signe = après D.

TABLE.

LIGNES.

SURFACES.

VOLUMES.

Rouen.—Imp. E. CAGNIARD, rues de l'Impératrice, 88, et des Basnage, 5.

www.ingramcontent.com/pod-product-compliance
Ingram Content Group UK Ltd.
Pitfield, Milton Keynes, MK11 3LW, UK
UKHW031835170726
13836UKWH00004B/1690